中文版
Photoshop
入门与提高

idea-office® 张丹丹 毛志超 编著

人民邮电出版社
北 京

图书在版编目（CIP）数据

中文版Photoshop入门与提高 / 张丹丹，毛志超编著
. -- 北京 : 人民邮电出版社，2011.8 （2019.2重印）
ISBN 978-7-115-25553-2

Ⅰ．①中… Ⅱ．①张… ②毛… Ⅲ．①图象处理软件
，Photoshop Ⅳ．①TP391.41

中国版本图书馆CIP数据核字（2011）第095521号

内 容 提 要

每天 2 个小时，只需要 12 天您就可以轻松掌握 Photoshop。

本书从实用的角度出发，以 idea-office 培训机构专业讲师多年的教学经验为基础，全面、详细地讲解了 Photoshop 的应用技术。通过对本书的学习，读者能够在短时间内轻松掌握 Photoshop 图像处理的方法和技巧。

本书适合 Photoshop 初学者阅读，同时也可作为相关教育培训机构的教材。

中文版 **Photoshop** 入门与提高

◆ 编　著　idea-office　张丹丹　毛志超
　责任编辑　孟　飞

◆ **人民邮电出版社**出版发行　　北京市丰台区成寿寺路11号
　邮编　100164　　电子邮件　315@ptpress.com.cn
　网址　http://www.ptpress.com.cn
北京缤索印刷有限公司印刷

◆ 开本：787×1092　1/16
　印张：12.75
　字数：331 千字　　　　　　　　2011 年 8 月第 1 版
　印数：43 701 – 45 200 册　　　2019 年 2 月北京第 23 次印刷

ISBN 978-7-115-25553-2

定价：39.00 元（附光盘）

读者服务热线：**(010) 81055410**　印装质量热线：**(010) 81055316**
反盗版热线：**(010) 81055315**
广告经营许可证：京东工商广登字 20170147 号

序言

让我们轻松走进**Photoshop**的世界，制作属于自己的精彩画面！

本书经过idea-office培训机构的6位专业PS讲师共同商讨，前后5次试讲内容，历时11个月的编写和修改终于完成了。希望通过本书能使您在最短的时间内掌握最实用的Photoshop技术。

如果您是一名专业的设计师我们不建议您买此书。如果您是一名上班族，想在闲暇的时间做点喜欢做的事；或是一名学生，想为以后就业做准备；或是一名摄影爱好者，想让自己拍摄的照片更完美；或是一名网店老板，想要呈现精美的产品图片，那么该书很适合您。我们的想法很简单，只希望在这个图像的时代，让您学会并熟练应用Photoshop图像处理软件。我们起到的只是抛砖引玉的作用，希望通过本书的学习您能做出更多、更精彩的图像效果。

本书在编写过程中得到了许多人的帮助，在此对江燮林、李晓萌、赵娜、王东梅、张希晗、李年福、谢瑞瑶、赵晓娜、赵宇、郭超、杨枭舒、李国辉、白羽等人表示深深感谢，最要感谢在本书编写过程中始终给予鼓励的idea-office的学员们，以及给予帮助的其他相关人士。愿Photoshop使大家的生活变得更加美好。

idea-office是专业的创意设计培训机构，讲师分别来自国内大型设计公司和互联网公司，有丰富的设计和教学经验。每年都有大量应届生和在职白领来到idea-office学习Photoshop，并交流Photoshop的应用心得。idea-office的使命是将知识传播的更远！欢迎各界人士来idea-office学习交流。

本书特色

1. **入门轻松**。本书从最基础的认识界面开始，逐一介绍工具和命令的使用方法，力求零基础的读者能轻松入门。

2. **由浅入深**。通过长期观察学员的学习状况，按照学员的接受能力，将Photoshop的知识点按照由浅入深的模式，合理的安排学习顺序，使读者学习更加轻松。

3. **主次分明**。根据我们的调查，即使专业的从业人士也不会对Photoshop有面面俱到的掌握，而是在长期的工作中重点应用几个工具和命令。该书根据这个特点重点讲解常用的工具和命令，对不常用和生疏的工具和命令仅作为了解内容。

4. **随学随练**。每一个重要知识点的后面会添加相应的"随堂练习"，让读者巩固掌握这个知识点；每一节结束后都会有"综合练习"，读者可以对该节讲解的内容做一个综合性的练习。

5. **随书资源**。本书所有的"随堂练习"和"综合练习"需要的图片素材和PSD源文件均在随书附赠的光盘中，读者可随时调用。随书光盘中的学习资源也可以通过下载方式获得，扫描"资源下载"二维码即可获得下载方式。

资源下载

本书的结构及使用方法

本书的结构由软件讲解、随堂练习和综合练习3个部分组成。书中共分为12节来讲解Photoshop，每一节除了该节的软件使用方法讲解外，还有相应的实操练习以供读者边学边练。每个示例都安排为从简单功能到复杂功能的顺序，任何人都能轻松学习。

随堂练习：
主要为操作性较强的又比较重要的工具或命令的实际操作小练习，通过练习加深对工具或命令的理解。

素材路径：
在随书附赠的光盘中，读者可以找到该文件的原图，以及部分练习的psd.格式的文件，进行练习或参考。

重点指数：
在时间紧张的情况下，读者可以通过该提示选择比较重要的练习进行操作；时间比较充分时，可以逐一练习。

效果图：
操作中最终完成文件的预览图。

综合练习：
主要针对当节讲解的内容做综合性的操作练习，案例相对于"随堂练习"更加完整，操作步骤略微复杂。

小提示：
帮助读者理解操作步骤、延伸知识点或提示相关知识。

目录及部分效果展示

制作相册内页效果

主要练习使用自由变换命令和羽化的操作方法。

杯子贴图

主要练习使用自由变换中的变形命令，以及羽化操作。

Lesson 02

选区的应用

017

结合参考线修正照片
主要练习参考线结合自由变换的旋转命令调正图像，最后使用裁剪工具裁剪。

制作合成案例
综合练习本节学习的工具和命令，以及简单的图层操作。

为照片换场景
主要练习多边形套索工具的使用。

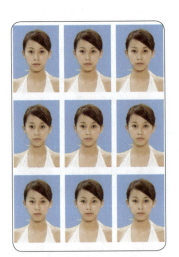

制作证件照
主要练习多边形套索、裁剪工具以及使用移动工具复制图像的方法。

制作化妆品效果图
练习魔棒工具和自由变换的翻转命令，以及简单的图层不透明度调整。

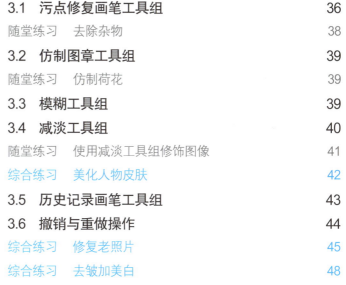

美化人物皮肤
主要练习修复工具组的使用，结合
滤镜的模糊命令为人物磨皮，同时
练习了"色彩范围"命令的使用。

去皱加美白
主要练习使用修补工具修复人物眼
袋，使用仿制图章工具对人物面部
细节进行处理，结合减淡工具整体
提亮人物肤色。

使用减淡工具组修饰图像
主要练习减淡工具组，加深了
解减淡工具组中各个工具的作
用。

用笔刷制作电脑桌面

学习渐变工具、填充颜色和笔刷的应用，学会载入笔刷，并调整笔刷在图像中绘制。

Lesson 05

文字和样式

073

制作杂志封面效果

练习设置文字的字体、大小、颜色和对齐方式等。

制作立体图案文字特效

主要学习使用移动工具结合键盘方向键制作3D立体字效果，结合图层样式添加立体字的层次和纹理，最后制作倒影效果。

制作水晶立体字效果

主要练习使用图层样式制作水晶字，结合套索工具绘制选区并填充颜色，制作特殊效果。

为图像添加装饰点缀效果
通过这个案例可以掌握钢笔路径和"画笔"面板的结合使用。

制作宣传单页
通过这个案例可以练习使用钢笔工具抠图和绘制形状，并且综合练习了前面所学的文字。

制作动感发光线
通过这个案例可以练习钢笔绘制曲线的方法，可以综合练习前面所学的图层样式。

制作局部留色艺术效果
通过这个案例可以综合练习钢笔工具和"色相/饱和度"命令的使用。

调出照片的饱和度

通过该案例可以学会将泛灰的照片调成鲜亮、清新的色彩。

制作老电影照片效果

学习制作老照片的效果，综合练习"调整"命令，并结合了使用了滤镜效果。

匹配颜色合成全景照片

学会合成全景照片，并使用匹配颜色快速统一色调。

Lesson 08

图层

125

制作溶解效果

练习使用"溶解"图层样式。

绘制多彩唇色
综合练习了图层混合模式、滤镜命令、渐变工具和橡皮擦工具的使用方法。

调出照片的自然色调
综合练习调整图层的使用方法。

创建填充图层
练习使用填充图层。

调出照片的清新色彩
综合练习使用调整图层调整图像，并结合调整图层的图层蒙版隐藏不需要调整的区域。

Lesson 09

图层的蒙版

141

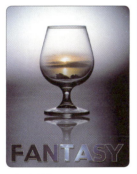

杯中景物
该案例综合练习了钢笔工具、自由变换、图层蒙版、剪贴蒙版和图层样式。

梦幻冰之女王
主要练习画笔工具与图层蒙版的结合使用。

文字人物特效
主要练习剪贴蒙版的使用方法。

爆炸效果
对全书内容进行了一个总结性的练
习，用到了多种工具和命令的结合完
成效果图。

Lesson 01
Photoshop的基础知识

学习任务

认识界面

学会文件基本操作

了解图像的基本内容

学会运用选框工具组

结合工具选项栏对选区进行编辑

学会应用移动工具及自由变换

1.1 | **Photoshop界面**

Photoshop的操作界面主要由图像窗口、工具箱、菜单栏和调板等几部分组成，如图1-1所示。

图1-1

标题栏：位于界面的顶端，在标题栏中可以看到由多个按钮组成，包括启动Bridge、查看额外内容、缩放级别和工作区等。单击右侧的 ▬ 、 ⬜ 和 ✕ 按钮分别可以用来最小化、还原和关闭工作界面。

菜单栏：菜单栏中包含"文件"、"编辑"等菜单选项，在单击某一个菜单后会弹出相应的下拉菜单，在下拉菜单中选择各项命令即可执行此命令。

选项卡：当打开多个文档时，它们可以最小化到选项卡中，单击需要编辑的文档名称，即可选定该文档。

工具选项栏：在选择某项工具后，在工具选项栏中会出现相应的工具选项，在工具选项栏中可对工具参数进行设置。

工具箱：当中包含了多种工具，可以单击选择，并在图像中执行操作。

文档窗口：用来显示或编辑图像。

面板：在Photoshop中根据功能的不同，共分23个面板，在窗口菜单中可选择进行编辑。

状态栏：显示文档大小和当前工具等。

1.1.1 | **了解菜单栏**

Photoshop中菜单栏主要由主菜单组成，每个菜单中包含一系列命令，按照不同的功能由分割线分割开。图1-2所示为"图像>调整"命令的子菜单。

图1-2

随堂练习 使用菜单中的命令

素材：第1节/使用菜单中的命令　　　　　　　　重点指数：★ ★ ★ ★

① 打开一张图像素材图像，如图1-3所示。

② 执行"编辑 > 调整 > 去色"命令，图像效果如图1-4所示。

图1-3

图1-4

1.1.2 │ 工具箱

　　工具箱中集合了图像处理过程中使用最频繁的工具，是Photoshop中比较重要的功能。执行"窗口 > 工具"命令可以隐藏和打开工具箱，如图1-5所示；单击工具箱上方的双箭头可以单排显示工具箱，如图1-6所示；在工具箱中单击可以选择需要的工具，如图1-7所示；单击并长按工具按钮，可以打开该工具对应的隐藏工具，如图1-8所示；工具箱中各个工具的名称及其对应的快捷键，如图1-9所示。

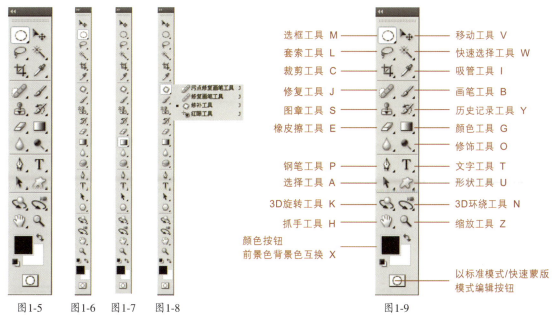

图1-5　　图1-6　　图1-7　　图1-8　　　　　　　　　　图1-9

1.1.3 工具选项栏

工具选项栏可以设置工具的选项，根据所选择的工具的不同，工具选项栏也会相应地发生变化。例如选择椭圆选框工具 则工具选项栏如图1-10所示；选择画笔工具 则工具选项栏如图1-11所示。

图1-10

工具预设　按钮　参数设置区

图1-11

1.1.4 面板

面板是Photoshop中进行颜色选择、编辑图层、编辑路径、编辑通道和撤销编辑等操作的主要功能面板，是工作界面的一个重要组成部分。

图1-12所示为执行"窗口>工作区>基本功能（默认）"命令后的面板状态；单击上方的双箭头按钮，可以展开面板如图1-13所示；执行"窗口>工作区>绘画"命令后的面板状态如图1-14所示，选择画笔工具 即可激活"画笔"面板。

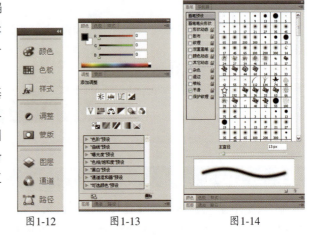

图1-12　　　　图1-13　　　　图1-14

随堂练习　面板操作

素材：第1节/使用菜单中的命令　　　　重点指数：★

① 执行"窗口>图层"命令或单击面板上的按钮 ，可以打开或隐藏面板，如图1-15所示。

② 将光标放在面板如图1-16所示位置，拖动鼠标可以移动面板，移出面板功能区的"图层"面板如图1-17所示；将光标放在"图层"面板名称上拖动鼠标，如图1-18所示。

③ 拖动面板下方的按钮 可以调整面板的大小，如图1-19所示。

④ 单击面板右上角的关闭按钮 ，可以关闭面板。

图1-15　　　　图1-16　　　　图1-17　　　　图1-18　　　　图1-19

小提示：

按快捷键F5可以打开"画笔"面板，按快捷键F6可以打开"颜色"面板，按快捷键F7可以打开"图层"面板，按快捷键F8可以打开"信息"面板，按快捷键Alt+F9可以打开"动作"面板。

1.1.5 选项卡

当打开多个图像时，图像会以选项卡的形式在Photoshop中显示，选项卡显示图像的名称和格式等基本信息，可以通过单击选项卡或按快捷键Ctrl+Tab选择图像如图1-20和图1-21所示。

图1-20

图1-21

调整图像的选项卡类似于面板操作，单击并拖动需要的图像选项卡即可移动图像，也可以调整图像的文档窗口大小，如图1-22所示；通过单击标题栏上的排列文档按钮██▾或执行"窗口＞排列"下的菜单命令，可以排列图像，各种排列方式如图1-23所示；执行"窗口＞使所有内容在窗口中浮动"如图1-24所示。

图1-22

图1-23

图1-24

小提示：

单击标题栏上的屏幕模式按钮██▾或按F键，可以转换屏幕显示模式，如图1-25所示的3种模式；当文档窗口转换为全屏模式时按快捷键Esc或F键可以退出。

图1-25

1.2 图像基础

在Photoshop中对文件进行操作首先要了解图像的基础。Photoshop是位图处理软件，但是它也包含了矢量处理功能。学习前了解像素与分辨率的关系，便于为日后的学习打基础。

1.2.1 位图和矢量图

位图：位图图像（在技术上称作栅格图像）是用图片元素的矩形网格（像素）表现图像。每个像素都分配有特定的位置和颜色值。在处理位图图像时，编辑的是像素，而不是对象或形状。位图图像是连续色调图像（如照片或数字绘画），最常用是的电子媒介，因为它们可以更有效地表现阴影和颜色的细微层次。将这一类图像放大到一定程度时，图像会显现出明显的点块化像素，如图1-26和图1-27所示。

图1-26

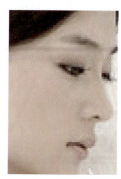

图1-27

位图图像与分辨率有关，也就是说，它们包含固定数量的像素。因此，如果在屏幕上以高缩放比率对它进行缩放或以低于创建时的分辨率来打印它们，则会丢失其中的细节，并呈现出锯齿。

矢量图：矢量图形（有时称作矢量形状或矢量对象）是由称作矢量的数学对象定义的直线和曲线构成的。矢量根据图像的几何特征对图像进行描述。可以任意移动或修改矢量图形，而不会丢失细节或影响清晰度，因为矢量图形与分辨率无关，即当调整矢量图形的大小、在 PDF 文件中保存矢量图形或将矢量图形导入到基于矢量的图形应用程序中时，矢量图形都将保持清晰的边缘。因此，对于将在各种输出媒体中按照不同大小使用的图稿（如标志），矢量图形是最佳选择。

矢量图及其放大后的效果如图1-28和图1-29所示；将其转换位图，放大后的图像效果如图1-30所示。

图1-28　　　　　　　　　　图1-29　　　　　　　　　　图1-30

1.2.2　图像的质量

Photoshop的图像是基于位图格式的，而位图的基本单位是像素，因此在创建位图图像时需要指定分辨率的大小。图像的像素与分辨率能体现出图像的清晰度，决定图像的质量。

像素：位图图像的像素大小（图像大小或高度和宽度）是指沿图像的宽度和高度测量出的像素数目。一幅位图图像，像素越多的图像越清晰，效果越细腻，如图1-31所示的图像；选择工具箱中的缩放工具放大图像如图1-32所示；可以看到构成图像的方格状像素如图1-33所示。

图1-31　　　　　　　　　　图1-32　　　　　　　　　　图1-33

分辨率：分辨率是指位图图像中的细节精细度，测量单位是像素/英寸 (ppi)。每英寸的像素越多，分辨率越高。一般来说，图像的分辨率越高，得到印刷图像的质量就越好。

虽然分辨率越高图像质量越好，但会增加占用的存储空间，所以根据图像的用途设置合适的分辨率可以取得最好的使用效果。如果图像应用于屏幕显示或网络，可以将分辨率设置为72像素/英寸；如果图像用于打印机打印，可以将分辨率设置为100~150像素/英寸；如果图像用于印刷，则应设置为300像素/英寸。

随堂练习　查看图像大小

素材：第1节/查看图像大小　　　　　　　　　重点指数：★★★

　　执行"图像＞图像大小"命令，打开"图像大小"对话框如图1-34所示。

　　通过观察图像大小可以方便地看到图像的像素大小，文档大小中包括图像的分辨率。该图像的像素大小为2.17M，分辨率为72像素/英寸。

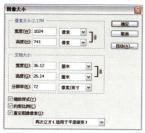

图1-34

1.3　文件的基本操作

　　新建、打开、保存和关闭是Photoshop最基本的操作，完成这些操作的命令就在"文件"菜单中，如图1-35所示。

图1-35

1.3.1　新建图像

　　打开Photoshop界面后，执行"文件＞新建"命令，可打开"新建"对话框，如图1-36所示。

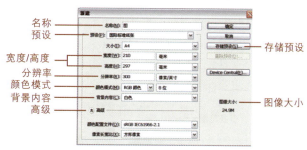

图1-36

　　名称：在"新建"对话框中输入图像的名称。

　　预设：可以从"预设"菜单选取文档大小。图1-37所示为预设下拉菜单。

　　宽度/高度：通过从"大小"下拉菜单中选择一个预设或在"宽度"和"高度"文本框中输入值，设置宽度和高度。

　　分辨率：设置分辨率、颜色模式和位深度。如果将某个选区拷贝到剪贴板，图像尺寸和分辨率会自动基于该图像数据。

　　颜色模式：可以选择文件的颜色模式，包括位图、灰度、RGB颜色、CMYK颜色和Lab颜色，常用的颜色模式为RGB颜色和CMYK颜色。

　　背景内容：有白色、背景色和透明3个选项。白色，用白色（默认的背景色）填充背景或第一个图层；背景色，用当前的背景色填充背景或第一个图层；透明，使第一个图层透明，没有颜色值。最终的文档内容将包含单个透明的图层。

　　高级：必要时，可单击"高级"按钮以显示更多选项。 在"高级"下，选取一个颜色配置文件，或选取"不要对此文档进行色彩管理"。对于"像素长宽比"，除非是用于视频的图像，否则选取"方形像素"。对于视频图像，请选择其他选项以使用非方形像素。

　　存储预设：完成设置后，可单击"存储预设"，将这些设置存储为预设。

　　图像大小：显示新建图像的文件大小。

　　设置完参数后单击"确定"按钮，即可新建一个文档，如图1-38所示。

图1-37　　　　　　　　图1-38

1.3.2 │ 打开图像

　　在Photoshop中打开文件的方法有很多种，可以执行命令打开，也可以用Adobe Bridge打开，或者使用快捷方式打开。

　　执行"文件＞打开"命令，弹出"打开"对话框，如图1-39所示。在"打开"对话框中可以选择一个文件，单击"打开"按钮即可打开此文件。

　　查找范围：可以选择图像文件所在的文件夹，方便查找。

　　文件名：显示已选择的文件的名称。

　　文件类型：可以选择文件的类型，默认为"所有格式"。当选择了某一个文件类型后，"打开"对话框中只显示该类型的文件。

　　执行"文件＞打开为"命令会弹出"打开为"对话框。在对话框中可以选择文件，将其打开。与"打开"命令不同，执行"打开为"命令打开文件时，必须制定文件格式。

　　要打开最近使用的文件，可执行"文件＞最近打开文件"命令。在其下拉菜单中会显示最近打开的10个文件，如图1-40所示。单击某一文件即可将其打开。执行下拉菜单中的"清除最近"命令，可以清除保存的目录。

图1-39

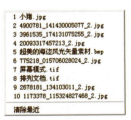

图1-40

1.3.3 | 存储图像

对图像文件进行了编辑后，执行"文件＞存储"命令或按快捷键Ctrl+S，可保存对当前图像做出的修改，图像会按原有的格式存储。如果是新建的文件，存储时则会弹出"存储为"对话框，如图1-41所示。

小提示：

在工作界面的任意空白处双击鼠标或按快捷键Ctrl+O，可以快速打开"打开"对话框。

图1-41

执行"文件＞存储为"命令或按快捷键Ctrl+Shift+S，可以打开"存储为"对话框，在对话框中可更改图像名称和格式，或更改存储位置，设置完毕后单击"保存"按钮即可。当不想保存对图像作出的编辑时，还可以通过勾选"作为副本"选项创建副本，再将源文件关闭即可。

1.3.4 | 关闭图像

图像处理完成后，可单击文件右上角的关闭按钮 ❌ 将其关闭，也可以执行"文件＞关闭"命令。

随堂练习 更改图像大小和分辨率

素材：第1节/更改图像大小和分辨率　　　　　　　重点指数：★★

① 执行"文件＞打开"命令，弹出"打开"对话框，如图1-42所示；单击"打开"按钮，打开图像，如图1-43所示。

② 通过观察状态栏可以发现图像像素大小是2.15M，如果这张图像需要上传，则要求图像像素大小小于1M，可以执行"图像＞图像大小"命令，打开"图像大小"对话框；如图1-44所示；在对话框中设置参数，如图1-45所示；设置完毕后，单击"确定"按钮。

图1-42

图1-43

图1-44

图1-45

也可以通过设置图像的像素大小或分辨率的大小改变图像最终大小。

③ 执行"文件＞保存"命令，保存文件，关闭图像。

1.4 图像的简单变换操作

1.4.1 选框工具组

通过建立选区可以编辑选区内像素，不影响选区外像素。若要选择像素，可以使用选框工具或套索工具。可以使用"选择"菜单中的命令"选择全部像素"、"取消选择"和"重新选择"。

选区是通过各种选区工具在图像中提取像素，在图像中呈现流动的爬行状显示，也称蚁行线。图1-46所示为原图，图1-47所示为添加了选区效果。

图1-46 图1-47

通过选框工具可以绘制出比较规则的矩形或圆形选区，在图像处理中应用非常频繁。选框工具包括4种，矩形选框工具[ ]、椭圆选框工具[ ]、单行选框工具[ ]和单列选框工具[ ]。

矩形选框工具[ ]：在工具箱中单击矩形选框工具按钮[ ]，即可选中该工具；也可以按快捷键M快速选择工具；选择完毕后，按住鼠标左键在图像中拖动即可绘制矩形选区，按住Shift键可以绘制正方形选区。

椭圆选框工具[ ]：在工具箱中单击椭圆选框工具按钮[ ]，即可选中该工具；其快捷键的使用方法和矩形选框工具相同。选择椭圆选框工具时，可以按住鼠标左键或单击鼠标右键单击矩形选框工具[ ]按钮，在弹出的列表中选择椭圆选框工具[ ]即可。

图1-48所示为原图，按住Shift键可以在图像中绘制圆，如图1-49所示。

图1-48 图1-49

单行选框工具和单列选框工具：选择单行选框工具[ ]和单列选框工具[ ]后，在画面中单击鼠标，可以创建水平或垂直为一个像素的选区。

1.4.2 选区工具选项栏

下面以椭圆选框工具的工具选项栏为例进行讲解，如图1-50所示。在选区工具选项栏中，比较常用的有新选区按钮[ ]、添加到选区按钮[ ]、从选区减去按钮[ ]、选区交叉按钮[ ]和羽化。

图1-50

新选区按钮[ ]：如果图像中已有选区，在图像中单击可以取消选区。

添加到选区按钮[ ]：可以将新绘制的选区与已有选区相加；按住Shift键也可以添加选区。如图1-51所示选区，单击该按钮后，继续在图像中绘制选区如图1-52所示。

从选区减去按钮[ ]：可以使用新绘制的选区减去已有的选区，如果新绘制的选区范围包含了已有选区，则图像中无选区；按住Alt键也可以从选区中减去，单击该按钮后，继续在图像中绘制如图1-53所示。

选区交叉按钮：可以将新绘制的选区与已有的选区相交，选区结果为相交的部分；如果新绘制的选区与已有选区无相交，则图像中无选区；单击该按钮，继续在图像中绘制如图1-54所示。

图1-51   图1-52   图1-53   图1-54

羽化：绘制选区前可以在工具选项栏中设置羽化值。羽化值的大小可以决定选区的边缘柔和程度，羽化值越大边缘越柔和；羽化值越小边缘越清晰。图1-55所示羽化为10像素，按快捷键Ctrl+Shift+I反选填充色彩后的图像效果；图1-56所示羽化为50像素，按快捷键Ctrl+Shift+I反选填充色彩后的图像效果。

图1-55   图1-56

1.4.3 移动工具

移动工具 ▸⊕ 是最常用的工具之一，无论是在文档中移动图层、选区中的图像，还是将其他文档中的图像拖曳到当前文档，都需要使用到移动工具。图1-57所示是移动工具的选项栏。

图1-57

自动选择：如果文档中包含了多个图层或图层组，可以在后面的下拉列表中选择要移动的对象。如果选择"图层"选项，使用移动工具在画布中单击时，可以自动选择移动工具下面对应的最顶层的图层；如果选择"组"选项，在画布中单击时，可以自动选择"移动工具"下面包含像素的最顶层的图层所在的图层组。

显示变换控件：勾选该选项以后，当选择一个图层时，就会在图层内容的周围显示定界框，如图1-58所示。用户可以拖曳控制点来对图像进行变换操作，如图1-59所示。

图1-58   图1-59

对齐图层：当同时选择了两个或两个以上的图层时，单击相应的按钮可以将所选图层进行对齐。对齐方式包括"顶对齐"、"垂直居中对齐"、"底对齐"、"左对齐"、"水平居中对齐"和"右对齐"。

分布图层：如果选择了3个或3个以上的图层时，单击相应的按钮可以将所选图层按一定规则进行均匀分布排列。分布方式包括"按顶分布"、"垂直居中分布"、"按底分布"、"按左分布"、"水平居中分布"和"按右分布"。

在同一个文档中移动图像：在"图层"面板中选择要移动的对象所在的图层，如图1-60所示；然后在工具箱中单击移动工具按钮 ，接着在画布中拖曳鼠标左键即可移动选中的对象，如图1-61所示。

图1-60   图1-61

如果创建了选区，如图1-62所示；将光标放置在选区内，拖曳鼠标左键即可移动选中的图像，如图1-63所示。

图1-62   图1-63

在没有选区的状态下，使用"移动工具"移动图像时，按住Alt键拖曳图像，可以复制图像，同时会生产一个新的图层，如图1-64所示。

图1-64

小提示：
选择工具箱中的移动工具，同时按住Alt键和方向键也可以复制图像。

在不同的文档间移动图像：打开两个或两个以上的文档，如图1-65所示；使用移动工具将图像拖曳到另外一个文档中，在该文档中会生成一个新的图层，如图1-66所示。

图1-65　　　　　　　　　　　　　　　　　图1-66

1.4.4　自由变换

　　移动图像后，可以通过执行"文件"菜单下的"自由变换"命令或按快捷键Ctrl+T，调出自由变换框调整图像。可以对其进行移动、旋转、缩放、扭曲、斜切等。其中移动、旋转和缩放称为变换操作，而扭曲和斜切称为变形操作。

　　在执行"编辑>自由变换"菜单下的命令与执行"编辑>变换"菜单命令时，当前对象的周围会出现一个用于变换定界框，定界框的中间有一个中心点，四周还有控制点，如图1-67所示。在默认情况下，中心点位于变换对象的中心，用于定义对象的变换中心，拖曳中心点可以移动它的位置；控制点主要用来变换图像。

　　单击鼠标右键弹出如图1-68所示菜单，使用这些菜单命令可以对图层、路径、矢量图形，以及选区中的图像进行变换操作。另外，还可以对矢量蒙版和Alpha应用变换。下面讲解该命令的使用方法。

图1-67　　　　　　　　　　　　　　　　　　图1-68

　　缩放：使用"缩放"命令可以相对于变换对象的中心点对图像进行缩放。如果不按住任何快捷键，可以任意缩放图像，如图1-69所示；如果按住Shift键，可以等比例缩放图像，如图1-70所示；如果按住Shift+Alt组合键，可以以中心点为基准等比例缩放图像，如图1-71所示。

图1-69　　　　　　　　　　　图1-70　　　　　　　　　　　图1-71

　　旋转：使用"旋转"命令可以围绕中心点转动变换对象。如果不按住任何快捷键，可以以任意角度旋转图像，如图1-72所示；如果按住Shift键，可以以15°为单位旋转图像。

斜切：使用"斜切"可以在任意方向上倾斜图像。如果不按住任何快捷键，可以在任意方向上倾斜图像，如图1-73所示；如果按住Shift键，可以在垂直或水平方向上倾斜图像。

扭曲：使用"扭曲"命令可以在各个方向上伸展变换对象。如果不按住任何快捷键，可以在任意方向上扭曲图像，如图1-74所示；如果按住Shift键，可以在垂直或水平方向上扭曲图像。

图1-72   图1-73   图1-74

透视：使用"透视"命令可以对变换对象应用单点透视。拖曳定界框4个角上的控制点，可以在水平或垂直方向上对图像应用透视，如图1-75和图1-76所示。

变形：如果要对图像的局部内容进行扭曲，可以使用"变形"命令来完成。执行该命令时，图像上将会出现变形网格和锚点，拖曳锚点或调整锚点的方向线可以对图像进行更加自由和灵活的变形处理，如图1-77所示。

图1-75   图1-76   图1-77

变换操作完毕后可以按Enter键确认变换或在变换框中双击鼠标确认图像变换。

1.5 内容识别比例变换

单击选择"编辑"菜单下的"内容识别比例"命令，该命令可以在不更改重要可视内容（如人物、建筑、动物等）的情况下缩放图像大小。常规缩放调整图像大小时会影响所有像素，而"内容识别比例"命令自动识别图像中的主体部分像素并对其进行保护。图1-78所示是常规缩放效果，图1-79所示是"内容识别比例"缩放的效果。

图1-78   图1-79

综合练习　制作相册内页效果

素材：第1节/制作相册内页效果　　　　　　　重点指数：★★★★★

① 执行"文件＞打开"命令，弹出"打开"对话框，单击"打开"按钮，打开图像，如图1-80、图1-81和图1-82所示。

图1-80

效果图

图1-81

图1-82

② **矩形选框工具和羽化**：选择工具箱中的矩形选框工具，如图1-83所示绘制选区；单击鼠标右键，在弹出的菜单中选择"羽化"选项，打开"羽化选区"对话框，设置羽化半径为50像素，单击"确定"按钮，图像效果如图1-84所示；选择工具箱中的移动工具 ▶₊，将选区中的图像拖动至背景图像中，如图1-85所示。

图1-83

图1-84

图1-85

③ **椭圆选框工具**：选择工具箱中的椭圆选框工具 ◯，在其工具选项栏中设置羽化为30，在图像中绘制选区如图1-86所示，将选区中的图像移至背景图像中，并调整图像的大小，如图1-87所示；用同样的方法添加其他图像，如图1-88所示。

图1-86

图1-87

图1-88

小提示：

　　绘制选区时，在工具选项栏中设置羽化参数后绘制的选区为羽化后的效果，也可以执行"选择＞修改＞羽化"命令，弹出"羽化选区"对话框，设置羽化值。

综合练习 | 杯子贴图

素材：第1节/杯子贴图　　　　　　　　　　　　　　重点指数：★★★★

① 执行"文件＞打开"命令，弹出"打开"对话框，单击"打开"按钮，打开图像，如图1-89和图1-90所示。

效果图

图1-89　　　　　　　　图1-90

② 选择工具箱中的矩形选框工具▣，如图1-91所示在图像中绘制选区；单击鼠标右键在弹出的菜单中选择"羽化"选项，设置羽化半径为50像素，如图1-92所示，设置完毕后单击"确定"按钮，如图1-93所示。

图1-91

图1-92

图1-93

③ 变形命令：选择工具箱中的移动工具▸✛，将选区中的图像拖动至图1-89所示的杯子文档中，如图1-94所示；按快捷键Ctrl+T调出自由变换框，按住Shift键调整图像的大小，如图1-95所示；单击鼠标右键在弹出的菜单中选择"变形"选项，如图1-96所示调整图像；按Enter键确认变换，设置"图层1"的图层不透明度为60%，图像效果如图1-97所示。

图1-94　　　　　　图1-95　　　　　　图1-96　　　　　　图1-97

Lesson 02
选区的应用

学习任务
学习创建选区的其他方法
整体掌握选区的应用
了解标尺的使用方法并学会裁剪图像

idea-office®

2.1 　其他选区工具组

如果要在Photoshop中对图像部分应用更改，则首先需要选择构成这些部分的像素。通过使用选择工具或通过在蒙版上绘画并将此蒙版作为选区载入，可以选择像素。如果要在 Photoshop 中选择并处理矢量对象，需要使用钢笔选择工具和形状工具。本节主要介绍选择工具和图层的基础操作。

2.1.1 　不规则选区工具组

利用选框工具只能绘制规则形状的选区，而套索工具 主要用于获取不规则的图像区域，手动性比较强，可以获得比较复杂的选区。套索工具主要包含3种，即套索工具 、多边形套索工具 和磁性套索工具 。

1.套索工具

套索工具 可以通过手动来自由绘制不规则的选区。如图2-1所示在图像中按住鼠标左键绘制，松开鼠标自动生成选区如图2-2所示。

图2-1

图2-2

2.多边形套索工具

多边形套索工具 适合绘制边缘比较平直的、棱角分明的图像，通过单击鼠标在图像中定位点绘制多边形，双击鼠标即可自动闭合多边形形成选区。

随堂练习	使用多边形套索工具

素材：第2节/使用多边形套索工具　　　　　　　重点指数：★★

① 执行"文件＞打开"命令，弹出"打开"对话框，单击"打开"按钮，打开图像，如图2-3所示。

② 选择工具箱中的多边形套索工具 ，如图2-4所示进行绘制，当光标变成如图2-5所示样式时，单击鼠标即可绘制出一个多边形选区如图2-6所示。

图2-3

图2-4

图2-5　　　　　　图2-6

③ 执行"图像 > 调整 > 色相/饱和度"命令，打开"色相/饱和度"对话框，如图2-7所示设置参数，设置完毕后单击"确定"按钮，图像效果如图2-8所示；执行"选择 > 取消选择"命令或按快捷键Ctrl+D，取消选区如图2-9所示。

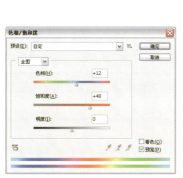

图2-7　　　　　　　　　　图2-8　　　　　　　　　图2-9

3.磁性套索工具

磁性套索工具能够自动辨认颜色差异明显的边界并绘制选区，所以当所选对象的颜色与周围的颜色相似时，不建议采用磁性套索工具。

选择该工具时，其工具选项栏如图2-10所示，宽度可以设置捕捉像素的范围；对比度可以设置捕捉的灵敏度；频率可以设置定位点创建的频率。图2-11所示频率为1时的效果，图2-12所示频率为100时的效果，频率参数越大定位点越密集。

图2-10　　　　　　　　　　　　图2-11　　　　　图2-12

随堂练习　　**使荷花色彩更艳**

素材：第2节/使荷花色彩更艳　　　　　　　重点指数：★★★★

① 执行"文件 > 打开"命令，弹出"打开"对话框，单击"打开"按钮，打开图像，如图2-13所示。

② 选择工具箱中的磁性套索工具，在其工具选项栏中设置频率为30，如图2-14所示绘制选区。

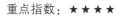

图2-13　　　　　　　　图2-14

③ 执行"图像 > 调整 > 色彩平衡"命令，打开"色彩平衡"对话框，如图2-15所示设置参数，设置完毕后单击"确定"按钮，图像效果如图2-16所示；执行"选择 > 取消选择"命令或按快捷键Ctrl+D，取消选区如图2-17所示。

图2-15　　　　　　　　　图2-16　　　　　　　　　图2-17

2.1.2　自动选择工具组

　　自动选择工具可以通过识别图像中的颜色，快速绘制选区，包括快速选择工具和魔棒工具。

1.快速选择工具

　　快速选择工具类似于笔刷，并且能够调整圆形笔尖大小绘制选区。在图像中单击并拖动鼠标即可绘制选区。打开一张素材图像，选择工具箱中的快速选择工具进行绘制如图2-18所示，绘制完毕后的图像效果如图2-19所示。

图2-18　　　　　　　　图2-19

2.魔棒工具

　　魔棒工具根据图像的颜色和色调来建立选区。在图像背景比较单纯的时，可以使用魔棒工具在图像上单击鼠标，魔棒就会选择与单击点色调相似的像素。图2-20所示为魔棒工具选项栏。

图2-20

　　在魔棒工具选项栏中，"容差"是影响魔棒工具性能的重要选项，用于控制色彩的范围，数值越大可选的颜色范围就越广。图2-21所示容差值为22，图2-22所示容差值为100。

 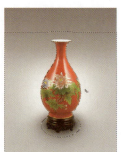

图2-21　　　　　　　　图2-22

2.2　"选择"菜单命令

　　"选择"命令菜单如图2-23所示，该菜单中的"全部"、"取消选择"和"反向"命令在平常的使用中主要以快捷键实现需要牢记。在这里主要讲解"修改"和"色彩范围"命令。

2.2.1 "修改"命令

执行"选择＞修改"命令，弹出如图2-24所示子菜单，这些命令可以对选区进行编辑。

"边界"命令：主要用来设置选区边界的宽度。如图2-25所示绘制选区，绘制完毕后执行"选择＞修改＞边界"命令，打开"边界"对话框，设置宽度如图2-26所示，设置完毕后的图像效果如图2-27所示。

图2-23　　　　　　　　　图2-24

图2-25　　　　　　　图2-26　　　　　　　图2-27

"平滑"命令：可以使选区的边缘变得平滑。图2-28所示选区，执行"选择＞修改＞平滑"命令，设置平滑为30像素，设置完毕后的图像效果如图2-29所示。

"扩展"/"收缩"命令：二者的作用分别为扩大选区和缩小选区，图2-30所示为扩展20像素的图像效果；图2-31所示为收缩40像素的图像效果。

"羽化"命令：该命令效果等同于工具选项栏中的羽化，"选择＞修改＞羽化"命令，打开"羽化"对话框，可以设置羽化值。

图2-28　　　　　　　图2-29　　　　　　　图2-30　　　　　　　图2-31

2.2.2 "色彩范围"命令

"色彩范围"命令可以根据图像中的某一颜色区域进行选择创建选区。打开素材图像如图2-32所示，执行"选择＞色彩范围"命令，可打开"色彩范围"对话框，如图2-33所示，单击"选择"下拉按钮，弹出下拉列表如图2-34所示。

图2-32

图2-33

图2-34

图2-23所示在对话框的预览区域里显示黑、白、灰三色来显示选区范围，白色为选中区域；灰色为半透明区域；黑色为未选中区域。以下是比较常用的几个选项。

选择：可以通过设置颜色或明暗程度来设置选区。

颜色容差：通过拖动滑块可以设置选择范围。

吸管工具：包括吸管工具、添加到取样和从取样中减去按钮。可以通过在图像中单击设置选择范围，图2-35所示位置单击的图像效果，在不同位置单击选择效果不同。

图2-35

随堂练习	使用"色彩范围"创建选区

素材：第2节/使用"色彩范围"创建选区　　　　　　　　重点指数：★★

① 执行"文件＞打开"命令，弹出"打开"对话框，单击"打开"按钮，打开图像，如图2-36所示。

② 执行"选择＞色彩范围"命令，打开"色彩范围"对话框，在图2-37所示的位置单击；设置完毕后单击"确定"按钮，得到的图像效果如图2-38所示。

图2-36

图2-37

图2-38

③ 在"图层"面板上单击创建新图层按钮，新建"图层1"，如图2-39所示。

④ 执行"编辑＞填充"命令，打开"填充"对话框，在对话框中选择"白色"，如图2-40所示，设置完毕后单击"确定"按钮，图像效果如图2-41所示。

图2-39　　　　　　　　　　图2-40　　　　　　　　　　图2-41

⑤ 按快捷键Ctrl+D取消选择，如图2-42所示；将"图层1"不透明度设置为50%，如图2-43所示，得到的图像效果如图2-44所示。

图2-42　　　　　　　　　　图2-43　　　　　　　　　　图2-44

小提示：

此方法最适用于背景为白色的图像，背景为复杂色彩应用此方法的图像效果原图和效果图如图2-45和图2-46所示，背景的色彩也有变化。

图2-45　　　　　　　　　　图2-46

2.3 裁剪图像

1.裁剪工具

裁剪工具 🔲 是将图像中被裁剪工具选取的图像区域保留，其他区域删除的一种工具。裁剪的目的是移去部分图像以形成突出或加强构图效果的过程。选择裁剪工具 🔲 后，工具选项栏状态如图2-47所示，单击工具选项栏左侧的下拉按钮 ，可以打开工具预设选取器如图2-48所示，可以选择工具预设，单击工具选项栏中的"清除"按钮可以清除选择的工具预设。

图2-47　　　　　　　　　　　　　　　　图2-48

随堂练习	使用裁剪工具裁剪图像

素材：第2节/使用裁剪工具裁剪图像　　　　　　重点指数：★ ★ ★

① 执行"文件＞打开"命令，弹出"打开"对话框，选择需要的素材图像，单击"打开"按钮，打开图像，如图2-49所示。

② 选择工具箱中的裁剪工具 🔲，单击工具选项栏中的下拉按钮 ，在工具预设中选择预设如图2-50所示，在图像中绘制裁剪区域，如图2-51所示；绘制完毕后可以调整裁剪的大小与位置，如图2-52所示；调整完毕后按Enter键确认，图像效果如图2-53所示。

图2-49

图2-50　　　　　　图2-51　　　　　　图2-52　　　　　　图2-53

③ 单击工具选项栏中的"清除"按钮，可以绘制任意的矩形裁剪框，如图2-54所示，绘制完毕后按Enter键确认裁剪如图2-55。

图2-54　　　　　　图2-55

2.裁剪命令

选区裁剪：使用选区工具来选择要保留的图像部分。执行"图像＞裁剪"命令，即可裁去选区外的区域。如图2-56所示绘制选区，执行"图像＞裁剪"命令，图像效果如图2-57所示，其效果类似于裁剪工具。

裁切命令："裁切"命令通过移去不需要的图像数据来裁剪图像，其所用的方式与"裁剪"命令所用的方式不同。可以通过裁切周围的透明像素或指定颜色的背景像素来裁剪图像。

图2-56　　　　　　图2-57

图2-58所示为原图，执行"图像＞裁切"命令，打开"裁切"对话框，如图2-59所示设置，设置完毕后单击"确定"按钮，图像效果如图2-60所示。

图2-58　　　　　　　　　　　　　图2-59　　　　　　　　　　　　　图2-60

选中"左上角像素颜色"从图像中移去左上角像素颜色的区域；选中"右下角像素颜色"从图像中移去右下角像素颜色的区域。

如果图像周围有透明像素，如图2-61所示，执行"图像＞裁切"命令，在打开的"裁切"对话框中如图2-62所示设置，设置完毕后单击"确定"按钮，图像效果如图2-63所示。

图2-61　　　　　　　　　　　　　图2-62　　　　　　　　　　　　　图2-63

2.4　辅助工具

在图像处理过程中，利用辅助工具可以更加精确地处理图像。辅助工具主要包括标尺、参考线和网格。

1.标尺

执行"视图＞标尺"命令或按快捷键Ctrl+R，可在图像上方和左侧显示水平和垂直的标尺，在标尺上单击鼠标右键，可以更改标尺的单位，系统默认为厘米，如图2-64所示。再次按快捷键Ctrl+R可以隐藏标尺。

2.参考线

参考线是辅助设计工具，所以不会被打印出来。可以直接通过标尺创建参考线，在标尺上按住鼠标并拖动，便可以新建参考线；也可以执行"视图＞新建参考线"命令，打开"新建参考线"对话框，如图2-65所示，在对话框中可以设置参考线的取向和位置，用"新建参考线"命令创建参考线更加精确。

3.网格

网格主要在纠正透视错误时应用的比较多。执行"视图＞显示＞网格"命令可以显示网格，如图2-66所示。

图2-64 　　　　　　　　　　　　图2-65 　　　　　　　　　　　　图2-66

综合练习　**结合参考线修正照片**

素材：第2节/结合参考线修正照片　　　　　　　　　　　　重点指数：★★

① 执行"文件＞打开"命令，弹出"打开"对话框，选择需要的素材图像，单击"打开"按钮，打开图像，按快捷键Ctrl+R打开标尺，并拖动出一条水平参考线如图2-67所示，

② 将"背景"图层拖曳至"图层"面板中的创建新图层按钮 上，得到的"背景副本"图层，如图2-68所示。

效果图

③ 按快捷键Ctrl+A全选图像，按快捷键Ctrl+T调出自由变换框，如图2-69所示旋转图像；按Enter键确认变换，按快捷键Ctrl+D取消选择，如图2-70所示。

图2-67 　　　　　　　　　　　图2-68 　　　　　　　　　　　图2-69

④ 选择工具箱中的裁剪工具 ，如图2-71所示绘制裁剪区域；按Enter键确认裁剪，图像效果如图2-72所示。

图2-70 　　　　　　　　　　　图2-71 　　　　　　　　　　　图2-72

综合练习　拼图效果

素材：第2节/拼图效果　　　　　　　　　　　重点指数：★ ★ ★

① 执行"文件>打开"命令，弹出"打
开"对话框，
单击"打开"
按 钮 ， 打 开
图 像 ， 如 图
2-73、图2-74和
图2-75所示。

图2-73

效果图

图2-74

图2-75

② 魔棒工具：在人物文档中，选择工具箱中的魔棒工具，在图像中背景区域单击，得
到的图像效果如图2-76所示；按快捷键Ctrl+Shift+I反相选区，如图2-77所示；按住Ctrl键拖动图
像到背景图像中如图2-78所示。

图2-76　　　　　　　　　　　　　图2-77　　　　　　　　　　　　　图2-78

③ 用同样的方法再将花朵图像拖动至背景图像中，调整图像大小，得到的图像效果如图
2-79所示；设置"图层1"（即人物图层）的图层不透明度为60%，复制花朵图像得到的图像效
果如图2-80所示。

图2-79

图2-80

综合练习　为照片换场景

素材：第2节/为照片换场景　　　　　　　　重点指数：★★★

① 执行"文件＞打开"命令，弹出"打开"对话框，单击"打开"按钮，打开图像，如图2-81和图2-82所示。

图2-81　　　　　　图2-82　　　　　　效果图

② 多边形套索工具 ：在人物文档中，选择工具箱中的多边形套索工具 ，在图像中人物轮廓周围连续单击创建选区，得到的选区效果如图2-83所示；按住Ctrl键拖动图像到街道图像中，调整图像的大小与位置如图2-84所示。

图2-83　　　　　　　　　图2-84

③ 放大图像用同样的方法，在多余的图像区域绘制选区，如图2-85所示；按Delete键删除选区内图像如图2-86所示；按快捷键Ctrl+D取消选择，按快捷键Ctrl+0恢复视图大小，如图2-87所示。

图2-85　　　　　　图2-86　　　　　　图2-87

小提示：

比较常用的人物抠图工具是钢笔工具，在第6节中将会讲到钢笔工具的应用。使用多边形套索工具抠图时将图像适当放大，抠出来的图像效果比较精细。

综合练习 | 制作合成案例

素材：第2节/制作合成案例　　　　　　重点指数：★ ★ ★ ★ ★

① 执行"文件＞打开"命令，弹出"打开"对话框，单击"打开"按钮，打开图像，如图2-88所示。

② **魔棒工具**：选择工具箱中的魔棒工具，在图像中背景区域单击，得到的图像效果如图2-89所示；按快捷键Ctrl+Shift+I反向选区，如图2-90所示。

效果图

③ **移动工具**：打开另外一张素材图像如图2-91所示，返回上一个文档选择工具箱中的移动工具，将图像拖动至新打开的文档中，如图2-92所示，"图层"面板自动生成"图层1"。

图2-88　　　　　　　　　图2-89　　　　　　　　　图2-90

图2-91　　　　　　　　　　　　　　　　图2-92

④ **缩放工具**：选择工具箱中的缩放工具，在其工具选项栏中单击缩小按钮（当工具选项栏中选择的是放大工具时，可以按住Alt键切换成缩小工具），在图像中单击如图2-93所示。

⑤ **"自由变换"命令**：执行"编辑＞变换＞自由变换"命令或按快捷键Ctrl+T，调出自由变换框如图2-94所示，将光标放在变换框的一角上，按住Shift键向内拖动鼠标缩小图像如图2-95所示。

图2-93　　　　　　　　　图2-94　　　　　　　　　图2-95

⑥ 移动图像到如图2-96所示位置，继续调整图像大小，调整完毕后按Enter键确认变换，图像效果如图2-97所示。

⑦ 抓手工具：双击工具箱中的抓手工具，图像效果如图2-98所示。

图2-96   图2-97   图2-98

小提示：

双击图像中的抓手工具或按快捷键Ctrl+0可以使图像适合屏幕大小，按"空格"键可以快速切换至抓手工具。

⑧ 磁性套索工具：打开另外一张素材图像，如图2-99所示。选择工具箱中的磁性套索工具，在图像中绘制选区如图2-100所示，在磁性套索工具无法辨认的区域可以通过手动单击设置点。

⑨ 选择工具箱中的移动工具，将图像移动至上一个文档如图2-101所示，"图层"面板自动生成"图层2"。

图2-99   图2-100   图2-101

⑩ 自由变换框旋转图像：按快捷键Ctrl+T调出自由变换框，调整图像大小与位置，得到的图像效果如图2-102所示；将光标放置在变换框四角的任意点，光标变成旋转样式时，微微旋转图像，图像效果如图2-103所示；调整图像位置按Enter键确认变换，图像效果如图2-104所示。

图2-102   图2-103   图2-104

⑪ 选择工具箱中的缩放工具，在其工具选项栏中单击放大按钮，如图2-105所示在图像中绘制放大区域，得到的图像效果如图2-106所示。

⑫ 橡皮擦工具：选择工具箱中的橡皮擦工具，在图像中擦除多余图像，如图2-107所示。

图2-105　　　　　　　　　　图2-106　　　　　　　　　　图2-107

⑬ **吸管工具** 🖋 **和画笔工具** 🖌：选择工具箱中的吸管工具 🖋，在图像中如图2-108所示位置单击；选择工具箱中的画笔工具 🖌，在其工具选项栏中选择尖角笔刷即硬度为100%的笔刷，在图像中绘制缺失的轮胎，如图2-109所示；绘制完毕后的图像效果如图2-110所示。

图2-108　　　　　　　　　　图2-109　　　　　　　　　　图2-110

小提示：

使用吸管工具在图像中单击可以设置前景色，画笔工具在绘制图像时，默认的画笔色彩为前景色色彩。

⑭ 按住"空格"键切换至抓手工具，调整图像位置到另外的多余图像处；用同样的方法继续擦除图像并使用画笔工具绘制缺失轮胎，得到的图像如图2-111所示。多余图像擦除完毕后按快捷键Ctrl+0，恢复视图屏幕大小，图像效果如图2-112所示。

图2-111　　　　　　　　　　图2-112

小提示：撤销与重做操作

初学者在使用绘制工具时容易控制不好绘制区域，可以执行"编辑＞还原橡皮擦"命令还原操作，快捷键Ctrl+Z；或执行"编辑＞前进一步"命令，快捷键Shift+Ctrl+Z；或执行"编辑＞后退一步命令，快捷键Alt+Ctrl+Z，多次绘制图像直至达到满意效果。

⑮ **复制图层＼调整图层排列顺序**：在"图层"面板中选中"图层1"，如图2-113所示；将其拖动至创建新图层按钮 🔲 上，得到"图层1副本"，如图2-114所示；将"图层1副本"图层拖曳至"图层1"下方，如图2-115所示。

图2-113　　　　　　　　图2-114　　　　　　　　图2-115

⑯ 自由变换框扭曲图像和垂直翻转图像：按快捷键Ctrl+T调出自由变换框，单击鼠标右键在弹出的菜单中选择"扭曲"，调整自由变换框如图2-116所示；单击鼠标右键在弹出的菜单中选择"垂直翻转"，得到图像效果如图2-117所示；调整图像位置，调整完毕后双击自由变换框，得到的图像效果如图2-118所示。

图2-116   图2-117   图2-118

⑰ 羽化和删除图层：按住Ctrl键单击"图层1副本"图层缩览图调出选区，如图2-119所示；执行"选择＞修改＞羽化"命令，打开"羽化"对话框设置羽化半径为2像素，单击"确定"按钮，图像效果如图2-120所示；将"图层1副本"图层拖动至图层面板上的删除图层按钮 🗑 上，将其删除，图像效果如图2-121所示。

图2-119   图2-120   图2-121

⑱ 曲线命令：复制"背景"图层，得到"背景副本"如图2-122所示；执行"图像＞调整＞曲线"命令，打开"曲线"对话框，如图2-123所示调整曲线；单击"确定"按钮，按快捷键Ctrl+D取消选择，图像效果如图2-124所示。

图2-122   图2-123   图2-124

综合练习　制作证件照

素材：第2节/制作证件照　　　　　　　　　　　　　重点指数：★★★

① 执行"文件 > 打开"命令，弹出"打开"对话框，单击"打开"按钮，打开图像，如图2-125所示。

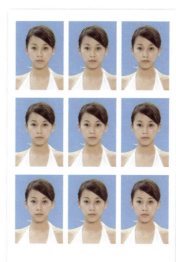

图2-125　　　　　　　　　　效果图

② 选择工具箱中的裁剪工具 ，在其工具选项栏中设置宽度为2.5厘米，高度为3.5厘米，分辨率为300像素/英寸，在图像中如图2-126所示绘制裁剪区域；按Enter键确认，如图2-127所示；选择工具箱中的多边形套索工具，如图2-128所示绘制选区；将前景色设置为蓝色，按快捷键Alt+Delete填充前景色，按快捷键Ctrl+D取消选择，图像效果如图2-129所示。

图2-126　　　　　　　　图2-127　　　　　　　　图2-128　　　　　　　　图2-129

③ 按快捷键Ctrl+N打开新建对话框，如图2-130所示设置参数；使用移动工具将处理好的图像拖曳至空白文档中，如图2-131所示；选择移动工具按住Alt键移动并复制图像如图2-132所示；图像最终效果如图2-133所示。

  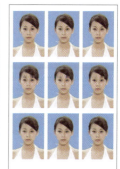

图2-130　　　　　　　　图2-131　　　　　　　　图2-132　　　　　　　　图2-133

综合练习 **制作化妆品效果图**

素材：第2节/制作化妆品效果图　　　　　　　　重点指数：★★★

① 执行"文件＞新建"命令，弹出"新建"对话框，如图2-134所示设置参数；打开如图2-135所示的背景图像。

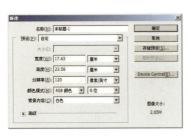

图2-134　　　　　　　　图2-135　　　　　　　　效果图

② 打开素材图像，选择工具箱中的魔棒工具，在图像中白色区域单击，按快捷键Ctrl+Shift+I将选区反向，如图2-136所示；将选区中的图像拖曳至背景图像中，如图2-137所示，"图层"面板如图2-138所示；打开素材图像，用同样的方法选取图像，并拖曳至背景图像中，如图2-139所示。

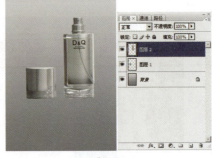

图2-136　　　　　图2-137　　　　　图2-138　　　　　　　图2-139

③ 按住Ctrl键同时选中"图层1"和"图层2"并复制，得到"图层1副本"和"图层2副本"图层，如图2-140所示；选择两个副本图层按快捷键Ctrl+T调出自由变换框，单击鼠标右键选择"垂直翻转"选项，图像效果如图2-141所示；分别调整两个副本图层的不透明度为40%，如图2-142所示。

图2-140　　　　　　　　图2-141　　　　　　　　图2-142

Lesson 03
修饰图像

学习任务
学会使用修复工具去除图像中杂物或人物面部斑点
学会用模糊工具组修饰图像
学会减淡工具组的用法
学会历史记录画笔的用法
学会撤销与重做操作

3.1 | 污点修复画笔工具组

污点修复画笔工具组可以快速去除图像中的污点和不理想的部分，使修复后的效果逼真自然。

1.污点修复画笔工具

污点修复画笔工具 ✐，自动将需要修复区域的纹理、光照、透明度和阴影等元素与图像自身进行匹配，快速修复污点。图3-1所示为瑕疵图像，选择该工具后，在其工具选项栏中设置合适的笔刷如图3-2所示，在图像中单击或拖动如图3-3所示，松开鼠标后得到的图像效果如图3-4所示，继续去除面部其他区域的瑕疵，图像效果如图3-5所示。

图3-2

图3-1   图3-3   图3-4   图3-5

2.修复画笔工具

在工具箱中直接单击修复画笔工具 ✐，或按快捷键Shift+J键数次，即可选择修复画笔工具，其工具选项栏如图3-6所示。

图3-6

画笔：可以选择修复画笔的大小或笔刷样式。单击画笔右侧的扩展按钮即可弹出"画笔"面板，如图3-7所示，可以在设置画笔的直径、硬度和压力大小等。

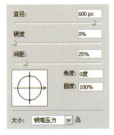

图3-7

模式：单击右侧扩展按钮可选择复制像素或填充图案与底图的混合模式。

源：选择"取样"后，按住Alt键在图像中单击可以取样，松开鼠标后在图像中需要修复的区域涂抹即可；选择"图案"后，可在"图案"面板中选择图案或自定义图案填充图像。

对齐：勾选此选项，下一次的复制位置会和上次的完全重合。图像不会因为重新复制而出现错位。

修复画笔工具 ✏ 可以将取样点的像素信息复制到图像需要修复的位置，并保持图像的亮度、饱和度和纹理等属性。如图3-8所示图像，若想修复人物嘴角的细纹，如果使用污点修复画笔工具 ✏ 在图像中绘制如图3-9所示，松开鼠标后图像效果如图3-10所示，由于污点修复画笔工具是Photoshop自动识别手动性不强，所以修复效果不理想。

图3-8   图3-9   图3-10

使用修复画笔工具 ✏ 在其工具选项栏中选择柔角笔刷，勾选取样，按住Alt键使用鼠标在人物需要修复的区域周围单击取样，在需要修复的区域涂抹如图3-11所示，松开鼠标的图像效果如图3-12所示，继续修复图像得到的图像效果如图3-13所示。

图3-11   图3-12   图3-13

3.修补工具

修补工具 ◌ 可以用图像中其他区域来修补当前选择的需要修补的区域。也可以使用图案修补区域。可以在工具箱中直接选择或按快捷键Shift+J，其工具选项栏如图3-14所示。

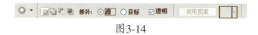

图3-14

修补工具 ◌ 绘制修补选区的方法与套索工具 ◌ 类似，在需要修补的区域中按住鼠标绘制选区，如图3-15所示，绘制完毕后拖动鼠标至光滑皮肤处如图3-16所示，松开鼠标图像效果如图3-17所示，在图像中任意点单击或按快捷键Ctrl+D取消选择图像效果如图3-18所示。

图3-15

图3-16

图3-17

图3-18

随堂练习　去除杂物

素材：第3节/去除杂物　　　　　　　　　　　　　重点指数：★★★

① 打开素材图像，如图3-19所示，复制"背景"图层得到"背景副本"图层，如图3-20所示。选择工具箱中的污点修复画笔工具，在图像中有杂物的区域涂抹，如图3-21所示去除杂物。

图3-19　　　　　　　　　　　　　　　图3-20

② 复制"背景副本"图层，得到"背景副本2"图层，选择工具箱中的修补工具，在图像中绘制选区，如图3-22所示，拖动选区至草地区域如图3-23所示，重复操作直至行人和路去除干净如图3-24所示。

图3-21

图3-22

图3-23

图3-24

4.红眼工具

红眼工具可以快速去除人物照片中由于闪光灯造成的红眼，如图3-25所示图像，选择工具箱中的红眼工具，其工具选项栏中默认瞳孔大小和变暗量均为50%，在图像中人物红眼区域单击，或拖动鼠标绘制去除红眼的区域均可去除红眼，如图3-26所示。

图3-25

图3-26

3.2 | 仿制图章工具组

　　图章工具组由仿制图章工具 和图案图章工具 组成，可以使用颜色或图案填充图像或选区，以得到图像的复制或替换。

1.仿制图章工具

　　使用仿制图章工具可以将图像复制到其他位置或是不同的图像中，该工具对应的工具选项栏如图3-27所示，其设置方法与修复画笔工具选项栏类似，这里就不一一讲解了。

图3-27

随堂练习	**仿制荷花**

素材：第3节/仿制荷花　　　　　　　　　　　　重点指数：★ ★

　　打开素材图像如图3-28和图3-29所示，选择工具箱中的仿制图章工具 ，在其工具选项栏中设置合适的笔刷，按住Alt键单击鼠标在如图3-30所示位置取样，在图像中绘制如图3-31所示。

图3-28　　　　　　　　图3-29　　　　　　　　图3-30　　　　　　　　图3-31

小提示：
使用仿制图章工具可以在两个文档中进行仿制。

2.图案图章工具

　　图案图章工具 是用图案将指定的区域进行复制。

3.3 | 模糊工具组

　　模糊工具组由模糊工具 、锐化工具 和涂抹工具 组成，用于降低或增强图像的对比度和饱和度，从而使图像变得模糊或清晰。

1.模糊工具

　　模糊工具 一般用于柔化图像边缘或减少图像中的细节，使用模糊工具涂抹的区域图像会变模糊。从而使图像的主体部分变得更清晰。图3-32所示为原图，选择工具箱中的磁性套索工具 在花朵边缘绘制选区按快捷键Ctrl+Shift+I反向，选区效果如图3-33所示；选择工具箱中的模糊工具，在其工具选项栏中设置强度为100%，涂抹花的背景区域制作景深效果，涂抹完毕后按快捷键Ctrl+D取消选择，得到的图像如图3-34所示。

图3-32　　　　　　　　　　图3-33　　　　　　　　　　图3-34

2.锐化工具

锐化工具 △ 用于增加图像边缘的对比度，以达到增强外观上的锐化程度的效果，简单地说就是使用锐化工具能够使图像看起来更加清晰，清晰的程度同样与在工具选项栏中设置强度有关。图3-35所示为原图，选择工具箱中的锐化工具，在其工具选项栏中将强度设为30%，设置一个柔角的笔刷，在图像中涂抹，得到的图像效果如图3-36所示。

图3-35　　　　　　　　图3-36

3.涂抹工具

使用涂抹工具 ☝ 可以模拟手指绘图在图像中产生颜色流动的效果，经过涂抹部分的颜色会沿着拖动鼠标的方向将颜色进行展开。图3-37所示为原图，选择工具箱中的涂抹工具，在其工具选项栏中设置强度为50%，在图像中向左涂抹如图3-38所示，继续涂抹图像效果如图3-39所示。

图3-37　　　　　　图3-38　　　　　　图3-39

3.4 ｜ 减淡工具组

减淡工具中主要包括减淡工具 🔍、加深工具 ✋ 和海绵工具 ●，按快捷键Shift＋O能够调出这些工具。

1.减淡工具

减淡工具 🔍 可以快速增加图像中特定区域的亮度表现出发亮的效果。图3-40所示为原图，选择工具箱中的减淡工具设置较大的笔刷大小在图像中部分区域进行涂抹，得到的图像效果如图3-41所示。

2.加深工具

使用加深工具 🔘同减淡工具 🔘的原理相同，但效果相反。使用加深工具 🔘能够使绘制的区域变暗，表现出阴影的效果。使用加深工具设置较大的笔刷大小在花朵区域涂抹得到的图像效果如图3-42所示。

图3-40　　　　　　　　　　　图3-41　　　　　　　　　　　图3-42

3.海绵工具

海绵工具 🔘用于增加或降低图像的饱和度，类似于海绵吸水的效果，从而为图像增加或减少光泽感。当图像为灰度模式时，该工具通过使灰阶远离或靠近中间灰色来增加或降低对比度。

图3-43所示为海绵工具的工具选项栏，可以在其工具选项栏中的模式选项中选择饱和或降低饱和度，默认情况下为饱和。继续使用上一张素材图像，选择工具箱中的海绵工具在图像中涂抹为图像增加饱和度，如图3-44所示。

图3-43　　　　　　　　　　　　　　　　图3-44

随堂练习　　使用减淡工具组修饰图像

素材：第3节/使用减淡工具组修饰图像　　　　　重点指数：★★

① 打开素材图像如图3-45所示，复制"背景"图层，得到"背景副本"图层；选择工具箱中的减淡工具 🔘，在其工具选项栏中设置合适的笔刷取消勾选保护色调，在图像中涂抹人物皮肤区域得到的图像效果如图3-46所示。

② 选择工具箱中的加深工具 🔘，在其工具选项栏中设置合适的笔刷大小，设置曝光度为50%，加深人物五官及头发，图像效果如图3-47所示。

③ 选择工具箱中的海绵工具 🔘，在其工具选项栏中设置合适的笔刷大小，设置模式为饱和，流量为30%，在图像中人物嘴唇和衣服区域涂抹，图像效果如图3-48所示。

图3-45　　　　　　　　　图3-46

图3-47　　　　　　　　　图3-48

综合练习 　美化人物皮肤

素材：第3节/美化人物皮肤　　　　　　　　　　重点指数：★★★★

① 打开素材图像如图3-49所示，复制"背景"图层，得到"背景副本"图层，选择工具箱中的修复画笔工具，在图像中单击去除人物面部斑点如图3-50所示。

效果图

图3-49

图3-50

图3-51

② 表面模糊：执行"滤镜＞模糊＞表面模糊"命令，弹出"表面模糊"对话框如图3-51所示设置参数，设置完毕后单击"确定"按钮，得到的图像效果如图3-52所示。

③ 修复工具：选择工具箱中的修补工具，在图像中斑点区域绘制选区，绘制完毕后拖动至光滑皮肤处如图3-53所示，用同样的方法去除其他斑点得到的图像效果如图3-54所示。

图3-52

图3-53

图3-54

④ 复制"背景副本"图层，得到"背景副本2"图层；继续使用修补工具，在人物眼袋区域绘制选区如图3-55所示，拖动至光滑皮肤处去除眼袋；继续对另外一只眼睛操作如图3-56所示。

图3-55

图3-56

⑤ 减淡工具和"色彩范围"命令：继续使用修复工具修复人物皮肤，选择工具箱中的减淡工具，在图像中人物皮肤区域涂抹，得到的图像如图3-57所示；执行"选择＞色彩范围"命令，在弹出的"色彩范围"对话框中，如图3-58所示位置单击并设置参数，选择添加到选区按钮，在图3-59所示位置单击，然后单击"确定"按钮，得到的图像效果如图3-60所示。

图3-57

图3-58　　　　　　　　　图3-59　　　　　　　　　图3-60

⑥ 图层不透明度：新建"图层1"，将前景色设置为白色，按快捷键Alt+Delete填充前景色，如图3-61所示，按快捷键Ctrl+D取消选择，将"图层1"的图层不透明度设置为20%，如图3-62所示，得到的图像如图3-63所示。

图3-61　　　　　　　　　图3-62　　　　　　　　　图3-63

⑦ 加深工具和海绵工具：按快捷键Ctrl+Shift+Alt+E盖印可见图层，得到"图层2"如图3-64所示，选择工具箱中的加深工具，加深人物眼睛及手部过亮区域；使用海绵工具加强人物嘴唇的饱和度，得到的图像效果如图3-65所示。

图3-64　　　　　　　　　图3-65

3.5　历史记录画笔工具组

历史记录画笔工具组主要包括历史记录画笔工具和历史记录艺术画笔工具。

1.历史记录画笔工具

历史记录画笔主要作用是将图像的部分区域恢复到以前的某一历史状态，可以形成特殊的图像效果。图3-66所示为原图像，执行"滤镜＞模糊＞高斯模糊"命令，如图3-67所示设置参数，设置完毕后单击确定按钮图像效果如图3-68所示；选择工具箱中的历史记录画笔工具，在图像中进行涂抹，得到的图像效果如图3-69所示。

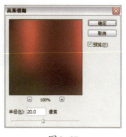

| 图3-66 | 图3-67 | 图3-68 | 图3-69 |

2.历史记录艺术画笔工具

历史记录艺术画笔工具 🖋️也将指定的历史记录状态或快照用作源数据。但是，历史记录画笔通过重新创建指定的源数据来绘画，而历史记录艺术画笔在使用这些数据的同时，还可以应用不同的颜色和艺术风格。

打开素材图像如图3-70所示，新建"图层1"并填充为白色，选择工具箱中的历史记录艺术画笔工具 🖋️在其工具选项栏中选择"绷紧中"选项，在图像中涂抹如图3-71所示，缩小笔刷大小继续涂抹得到的图像如图3-72所示。

| 图3-70 | 图3-71 | 图3-72 |

3.6 撤销与重做操作

在图像处理过程中，有时会产生一些错误的操作，或对图像处理后的效果不满意，需要将图像返回到某个状态重新处理，以下是处理方法。

1.通过菜单命令撤销操作

在操作过程中常常需要不断的测试和修改，如果需要返回到上一步的操作，可以选择单击"编辑>后退一步"命令即可，或按快捷键Ctrl+Alt+Z；如果返回的步骤比预想多了一步，可以执行"编辑>前进一步"命令即可，或按快捷键Shift+Alt+Z；如果想返回到当前操作状态，则执行"编辑>还原状态更改"命令，或按快捷键Ctrl+Z。

2.通过"历史记录"面板操作

通过"历史记录"面板可以将图像恢复到任意操作步骤状态，只需要在"历史记录"面板中单击需要回到的操作状态即可；图3-73所示为当前状态，图3-74所示为恢复到状态。

图3-73   图3-74

Photoshop在默认的状态下"历史记录"面板记录20步操作，系统自动将20步以前的步骤删除。用户可以根据需要设置合适的历史记录数值。

执行"编辑＞首选项＞常规"命令，打开"首选项"对话框；在"历史记录状态"数值框中输入需要的历史记录数值后单击"确定"按钮即可。

综合练习　　修复老照片

素材：第3节/修复老照片   重点指数：★★★★★

① **去色并锐化图像**：打开素材图像如图3-75所示，按快捷键Ctrl+J得到"图层1"；执行"图像＞调整＞去色"命令，或按快捷键Ctrl+Shift+U为图像去色，图像效果如图3-76所示；执行"滤镜＞锐化＞USM锐化"命令，打开"USM锐化"对话框如图3-77所示设置参数，单击"确定"按钮，得到的图像效果如图3-78所示。

效果图

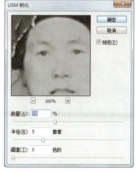

图3-75   图3-76   图3-77   图3-78

② **矫正图像**：按快捷键Ctrl+R调出标尺，如图3-79所示在图像中拖曳出参考线；按快捷键Ctrl+T调出自由变换框，单击鼠标右键选择"扭曲"选项，如图3-80所示调整图像；单击鼠标右

键选择"变形"选项，如图3-81所示调整图像；调整完毕后按Enter键确认变换；按快捷键Ctrl+R关闭标尺，按快捷键Ctrl+；隐藏参考线，得到的图像效果如图3-82所示。

图3-79　　　　　　　图3-80　　　　　　　图3-81　　　　　　　图3-82

③ 裁剪工具裁剪图像：选择工具箱中的裁剪工具，如图3-83所示在图像中绘制裁剪区域；按Enter键确认裁剪，得到的图像效果如图3-84所示。

图3-83　　　　　　　图3-84

④ 仿制图章修复图像：放大图像如图3-85所示，选择工具箱中的仿制图章工具，在没有破损的区域按住Alt键取样，在图像中破损区域涂抹，得到的图像如图3-86所示；用同样的方法修复其他的划痕，得到的图像效果如图3-87所示。

图3-85　　　　　　　图3-86　　　　　　　图3-87

⑤ 模糊图像：按快捷键Ctrl+Shift+Alt+E盖印可见图层，得到"图层2"如图3-88所示；执行"滤镜＞模糊＞表面模糊"命令，打开"表面模糊"对话框，如图3-89所示设置参数，单击"确定"按钮，得到的图像效果如图3-90所示。

图3-88   图3-89   图3-90

⑥ **修复工具修复面部**：使用修补工具 ◎ 在图像中需要修复的区域绘制选区，如图3-91所示；将选区拖曳至光滑皮肤区域，如图3-92所示；松开鼠标得到的图像效果，如图3-93所示；用同样的方法继续修复其他面部区域，得到的图像效果如图3-94所示。

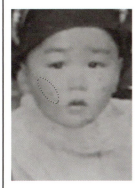
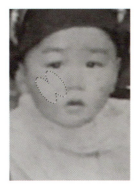

图3-91   图3-92   图3-93   图3-94

⑦ **增加图像明暗对比度**：按快捷键Ctrl+J复制"图层2"，得到"图层2副本"图层；按快捷键Ctrl+M打开"曲线"对话框，如图3-95和图3-96所示调整曲线；单击"确定"按钮，得到的图像效果如图3-97所示。

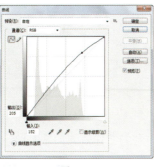
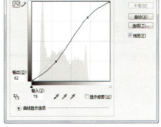

图3-95   图3-96   图3-97

综合练习　去皱加美白

素材：第3节/去皱加美白　　　　　　　　　　　　　　　重点指数：★★★

① 打开素材图像如图3-98所示，复制"背景"图层，得到"背景副本"图层，如图3-99所示。

图3-98　　　　　　　　　　图3-99　　　　　　　　　　效果图

② 选择工具箱中的修补工具，如图3-100所示在图像中绘制选区，按住鼠标并拖曳选区至光滑皮肤处如图3-101所示，松开鼠标在其他区域单击得到的图像效果如图3-102所示。

图3-100　　　　　　　　　　图3-101　　　　　　　　　　图3-102

③ 用同样的方法修复另外一只眼睛，如图3-103所示；选择工具箱中的仿制图章工具，在其工具选项栏中设置合适的柔角笔刷，设置流量为55%，在图像中人物嘴部细纹周围按住Alt键单击鼠标左键取样，并涂抹，得到图像效果如图3-104所示。

图3-103　　　　　　　　　　图3-104

④ 选择工具箱中的减淡工具，在其工具选项栏中设置合适的柔角笔刷，曝光度设置为30%，将笔刷大小放大至等同于人物面部，在图像中单击，得到的图像效果如图3-105所示；使用加深工具，加深人物的眼睛，得到的图像效果如图3-106所示。

图3-105　　　　　　　　　　图3-106

Lesson 04
颜色与绘画工具

学习任务

学会设置颜色
学会使用画笔工具
了解并应用"画笔"面板
学会使用渐变设置渐变颜色

4.1 设置颜色

前景色决定了画笔工具和铅笔工具在图像中绘制时的色彩，及文字工具创建文字是的颜色；背景色决定了橡皮擦工具在擦除图像时的色彩，及改变画布大小时新增画面的颜色。

1.通过工具箱设置前景色和背景色

工具箱中包含了前景色和背景色的设置选项，如图4-1所示默认情况下前景色为黑色，背景色为白色。

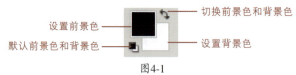

图4-1

设置前景色/背景色：单击设置前景色/背景色图标，在打开的"拾色器"对话框中可以设置它们的颜色。也可以在"颜色"面板和"色板"面板中设置颜色，或使用吸管工具 在图像中单击拾取图像色彩为前景色。

默认前景色和背景色：单击该图标或按快捷键D，前景色默认为黑色背景色默认为白色。

切换前景色和背景色：单击该图标或按快捷键X，可以实现前景色和背景色的互换。

2.拾色器对话框

单击工具箱中的前景色或背景色图标，可以打开"拾色器"对话框，如图4-2所示。

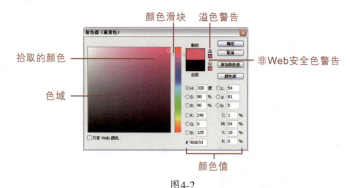

图4-2

色域/拾取的颜色：在色域中拖动鼠标可以拾取颜色。

新的/当前："新的"显示当前的拾取的颜色，"当前"显示的是设置颜色前的色彩，单击该色块可以将颜色恢复为设置前的色彩。

颜色滑块：拖动颜色滑块可以设置颜色范围。

颜色值：通过输入数值可以精确设置颜色。

溢色警告：由于RGB、HSB和Lab颜色模式中的一些颜色在CMYK模式中没有等同的颜色，无法精确打印，所以这些颜色被称为"溢色"，单击其下方的小方块可以将颜色替换为CMYK颜色中与此颜色最接近的颜色。

非Web安全色警告：出现该警告表示当前设置的颜色网页上不能正确显示。单击其下方的小方块可以将颜色替换为最接近的Web安全颜色。

随堂练习　多种方法设置前景色

素材：第4节/多种方法设置前景色　　　　　　　重点指数：★ ★ ★

　　拾色器设置颜色：单击工具箱中的前景色图标，打开拾色器对话框如图4-3所示，在对话框中设置颜色如图4-4所示调整颜色滑块，在色域中选择需要的色彩；可以调整颜色的饱和度，选中S选项，如图4-5所示，拖动滑块即可调整饱和度；选中B选项可以调整颜色的亮度。

 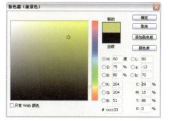 

　　　　图4-3　　　　　　　　　　　图4-4　　　　　　　　　　　图4-5

　　吸管工具设置颜色：打开一张素材图像如图4-6所示，选择工具箱中的吸管工具 ✐ 在图像中单击前景色如图4-7所示，按住Alt键在图像中单击可以设置背景色如图4-8所示。

　　　　图4-6　　　　　　　　　　　图4-7　　　　　　　　　　　图4-8

　　用色板面板设置颜色：执行"窗口＞色板"命令，打开"色板"面板，如图4-9所示。"色板"中的颜色都是预先设定好的，单击颜色色块即可设置前景色，如图4-10所示；按住Ctrl键单击可以设置背景色，如图4-11所示；单击"色板"画笔右侧的扩展按钮可以弹出如图4-12所示的下拉菜单，选择一个色板库，弹出一个对话框，单击"追加"按钮，可以在原有的色板颜色基础上加上该色板库的颜色；单击"确定"按钮则会替换当前色板库。

　　图4-9　　　　　　图4-10　　　　　　图4-11　　　　　　　　图4-12

　　用颜色面板设置颜色：执行"窗口＞颜色"命令，可以打开"颜色"色板，如图4-13所示，在下方的颜色条中单击或拖动滑块可以设置前景色，如图4-14所示；单击背景色图标，在下方的颜色条中单击或拖动鼠标滑块可以设置背景色，如图4-15所示。

　　　　　　　　　　　　图4-13　　　　　　　图4-14　　　　　　　图4-15

4.2 | 画笔工具组

画笔工具组主要包括画笔工具 ✐、铅笔工具 ✐ 和颜色替换工具 ✐。

1.画笔工具

在工具箱中单击画笔工具按钮 ✐，或按快捷键Shift+B可以选择画笔工具，使用画笔工具可绘出边缘柔软的画笔效果，画笔的颜色为工具箱中的前景色。在画笔工具的选项栏中可看到如图4-16所示的选项。

图4-16

画笔下拉面板：单击工具选项栏中画笔后面的扩展按钮，可出现一个弹出式面板，如图4-17所示，可选择预设的各种画笔，选择画笔后再次单击预视图标或小三角将弹出式面板关闭。

模式：在"模式"后面的弹出式菜单中可选择不同的混合模式，即画笔的色彩与下面图像的混合模式。

不透明度/流量：可设定画笔的"不透明度"和"流量"的百分比。

喷枪模式✐：单击工具选项栏中的图标，图标凹下去表示选中喷枪效果，再次单击图标，表示取消喷枪效果。

图4-17

"流量"数值的大小和喷枪效果的作用力度有关。可以在"画笔"面板中选择一个直径较大并且边缘柔软的画笔，调节不同的"流量"数值，然后将画笔工具放在图像上，按住鼠标键不松手，观察笔墨扩散的情况，从而加深理解"流量"数值对喷枪效果的影响。

选择如图4-18所示的笔刷样式，没有单击喷枪模式按钮时，在图像中单击鼠标如图4-19所示，单击喷枪按钮后，在图像中单击后图像效果如图4-20所示，单击时间越久图案数量越多。

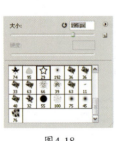

图4-18

图4-19

图4-20

小提示：

使用画笔工具时，按快捷键"["减少画笔的直径，或"]"增加画笔的直径；按快捷键Shift+[可以降低画笔的硬度，按快捷键Shift+]可以增加画笔的硬度。

如果想使绘制的画笔保持直线效果，可在画面上单击鼠标左键，确定起始点，然后在按住Shift键的同时将其移动到另外一处，再单击鼠标，两个击点之间就会自动连接起来形成一条直线。按住Shift键还可以绘制水平、垂直或45°角的直线。

按下键盘中的数字键可以调整工具的不透明度。按下1时，不透明度为10%；按下5时，不透明度为50%；按下0，不透明度会恢复为100%。

2.铅笔工具

使用铅笔工具 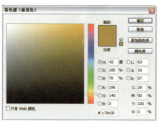 可绘出硬边的线条，如果是斜线，会带有明显的锯齿。绘制的线条颜色为工具箱中的前景色。在铅笔工具选项栏的弹出式面板中可看到硬边的画笔。

3.颜色替换工具

颜色替换工具可以用前景色替换图像中的颜色。

随堂练习 **替换颜色**

素材：第4节/替换颜色　　　　　　　　　　　　重点指数：★

　　打开素材图像如图4-21所示；如图4-22所示设置前景色色值，复制"背景"图层，得到"背景副本"图层。选择工具箱中颜色替换工具，在图像中涂抹，得到的图像效果如图4-23所示。

图4-21　　　　　　　　　图4-22　　　　　　　　　图4-23

4.3　橡皮擦工具组

　　橡皮擦工具组是用来删除不需要的图像或颜色，包括只删除特定部分的橡皮擦工具 、删除与设置的颜色相似的背景橡皮擦工具 和同时删除相同颜色的魔术橡皮擦工具 。而使用背景橡皮擦工具和魔术橡皮擦工具时，擦除的部分将成为透明区域。

1.橡皮擦工具

　　使用橡皮擦工具 在图像中涂抹，如果图像为背景图层则涂抹后的色彩默认为背景色；如果其下方有图层则显示下方图层的图像。选择工具箱中的橡皮擦工具 ，在工具选项栏中可以设置笔刷的大小和硬度，硬度越大，绘制出的笔迹边缘越锋利。

2.背景橡皮擦工具

　　背景橡皮擦工具 可以擦除背景图层的图像，该工具可自动识别并清除背景，擦除过的图像区域为透明区域。

3.魔术橡皮擦工具

　　魔术橡皮擦工具 与其他橡皮擦工具不同，它通过单击一次所需颜色即可将其相似或相同的颜色全部删除，这个功能与魔棒工具 相似，都是可以根据设置颜色的容差来控制选择的颜色范围。

随堂练习　分别使用三种橡皮擦

素材：第4节/分别使用三种橡皮擦　　　　　　　　重点指数：★

　　橡皮擦工具：打开素材图像如图4-24和图4-25所示，将4-25所示图像拖动至4-24所示文档中，"图层"面板如图4-26所示；选择工具箱中的魔棒工具，在其工具选项栏中设置容差为30，在图像中天空区域单击，图像效果如图4-27所示。

　　选择工具箱中橡皮擦工具  ，在图像选区中涂抹，得到的图像效果如图4-28所示，按快捷键Ctrl+D取消选择。

图4-24

图4-25

图4-26

图4-27

　　背景橡皮擦工具：背景橡皮擦工具 可以直接擦除背景图像，如图4-29所示为原图。使用背景橡皮擦工具涂抹图像后"背景"图层自动变为"图层0"，图像效果如图4-30所示。

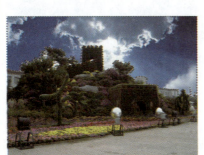

图4-28

图4-29

图4-30

　　魔术橡皮擦工具：图4-31所示为原图，选择工具箱中的魔术橡皮擦工具 ，在其工具选项栏中设置容差为100，在图像中蓝天区域单击，得到的图像如图4-32所示。

图4-31

图4-32

　　小提示：

　　魔术橡皮擦工具与魔棒工具选取原理类似，可以通过设置容差的大小确定删除范围的大小，容差越大删除范围越大；容差越小，删除范围越小。

综合练习 为人物绘制多彩妆容

素材：第4节/为人物绘制多彩妆容　　　　　重点指数：★★★

① **滤色混合模式/橡皮擦工具**：打开素材图像如图4-33所示，复制"背景"图层，得到"背景副本"图层，将其图层混合模式设置为"滤色"，图层不透明度设置为30%，图像效果如图4-34所示；选择工具箱中的橡皮擦工具 ，在其工具选项栏中设置合适的柔角笔刷，在图像中花朵和头发区域涂抹，图像效果如图4-35所示；使用橡皮擦涂抹，保留花朵部分原来的对比度，防止过曝。

效果图

图4-33　　　　　　　　　　图4-34　　　　　　　　　　图4-35

② **叠加/设置前景色/画笔工具**：如图4-36所示设置前景色色值，新建"图层1"并将其图层混合模式设置为"叠加"，如图4-37所示；选择工具箱中的画笔工具 ，在图像中如图4-38所示位置涂抹；选择工具箱中的橡皮擦工具，在其工具选项栏中设置画笔不透明度和流量均为30%，在图像中涂抹掉多余色彩如图4-39所示；反复涂抹直至达到满意效果。

图4-36　　　　　　　　图4-37　　　　　　　　图4-38　　　　　　　　图4-39

③ **柔光/画笔工具**：用同样的方法绘制另外一只眼睛的眼影，图像效果如图4-40所示。设置前景色色值如图4-41所示，新建"图层2"将其图层混合模式设置为"柔光"如图4-42所示。在图像中用步骤②的方法涂抹，得到的图像效果如图4-43所示。

图4-40 图4-41 图4-42 图4-43

④ 设置前景色色值如图4-44所示，新建"图层3"将其图层混合模式设置为"柔光"在图像中使用画笔工具和橡皮擦工具反复涂抹，得到的图像效果如图4-45所示；将其图层不透明度设置为50%，图像效果如图4-46所示。

图4-44 图4-45 图4-46

⑤ 选择工具箱中的多边形套索工具，在其工具选项栏中设置羽化半径为1像素，在人物嘴唇周围绘制选区如图4-47所示；新建"图层4"，设置前景色色值为R:130、G:130、B:130，设置完毕后按快捷键Alt+Delete填充前景色，如图4-48所示，按快捷键Ctrl+D取消选择；将其图层混合模式设置为"柔光"，如图4-49所示。

图4-47 图4-48 图4-49

⑥ 添加杂色命令/图层蒙版：执行"滤镜 > 杂色 > 添加杂色"命令，打开"添加杂色"对话框，如图4-50所示设置参数，单击"确定"按钮；按快捷键Ctrl+F继续执行该命令，得到的图像效果如图4-51所示；单击"图层"面板上的添加图层蒙版按钮，为"图层4"添加图层蒙版如图4-52所示；将前景色设置为黑色，选择工具箱中的画笔工具在嘴唇区域多余色彩处涂抹如图4-53所示。

| 图4-50 | 图4-51 | 图4-52 | 图4-53 |

小提示：

使用画笔工具在蒙版中涂抹时，使用黑色涂抹为隐藏当前图层图像，可以透出下层的图像；使用白色涂抹为显示当前图层图像。图层蒙版的应用在Lesson 09中会详细讲解，在这里可以作为了解内容。

4.4 画笔面板

"画笔"面板可以设置各种绘画工具、图像修复工具、图像润饰工具和擦除工具的笔尖和画笔选项。下面详细了解"画笔"面板的功能和各选项作用。

执行"窗口>画笔"命令，或单击工具选项栏中的切换画笔面板按钮，或按快捷键F5，可以打开"画笔"面板如图4-54所示。

画笔设置：单击"画笔设置"中的选项，面板中显示该选项的详细设置内容，它们用来改变画笔的大小和形态。

画笔笔尖形状：可以在该选项中选择画笔笔尖，选择完毕后可以在"画笔预览"选项中观察该笔尖的绘制效果。

画笔预览：预览当前画笔的效果。

画笔选项：设置画笔的各项参数。

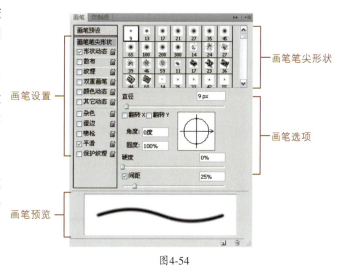

图4-54

1.画笔预设

"画笔预设"中包含了多种画笔笔尖，其带有定义好的大小、形状和硬度等特性，要使用这些画笔可以单击"画笔"面板中的"画笔预设"选项，选择笔尖如图4-55所示，调整笔尖直径大小如图4-56所示。

2.画笔笔尖形状

"画笔笔尖形状"选项可以控制画笔的形状。在"画笔"面板中单击"画笔笔尖形状"选项，可以看到该选项相关内容如图4-57所示。

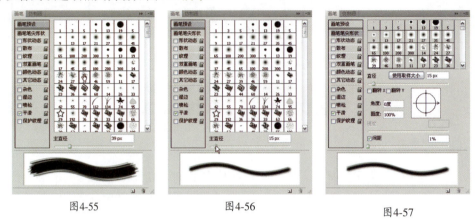

图4-55　　　　　　　图4-56　　　　　　　图4-57

直径：用来设置画笔的大小，使用取样大小可以使画笔的直径恢复到初始的大小。

翻转X/翻转Y：用来改变画笔笔尖在*x*轴或*y*轴上的方向。

角度：用来设置画笔的倾斜角度，对于圆角笔刷没有影响，如图4-58所示的笔刷形状，设置角度为-40度，笔刷效果如图4-59所示。

圆度：用于设置画笔的圆润程度，如图4-60所示为100%的圆度，如图4-61所示为50%的圆度。

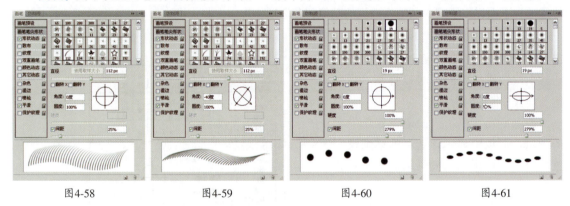

图4-58　　　　　　　图4-59　　　　　　　图4-60　　　　　　　图4-61

硬度：用来设置画笔笔尖绘制效果的柔和程度。值越小，绘制效果越柔和。

间距：用来控制两个画笔笔迹之间的距离。值越高，间距越大。如果取消勾选，Photoshop会根据光标的移动速度调整笔迹的间距。

3.形状动态

"形状动态"决定了画笔绘制过程中笔迹的变化效果。单击"画笔"面板中的"形状动态"选项，显示该选项相关内容，如图4-62所示。

大小抖动：用来设置画笔笔迹大小的改变方式。该值越高，轮廓越不规则，如图4-63所示大小抖动分别为0%和100%；在其下方的控制选项中选择"渐隐"，可以渐隐画笔笔迹效果，如图4-64所示分别为设置渐隐为5和100；其他几项在电脑配置有数位板的情况下方可使用。

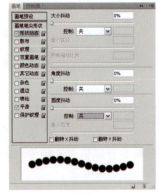

图4-62

图4-63　　　　　　　　　　　　　　　　　　　图4-64

最小直径：当启动了"大小抖动"后，可通过该选项设置画笔笔尖可以缩放的最小百分比。该值越高，笔尖直径的变化越小，如图4-65所示设置最小直径分别为10%和100%。

角度抖动：用来改变画笔笔迹的角度，如图4-66所示分别为角度抖动10%和100%。

图4-65　　　　　　　　　　　　　　　　　　　图4-66

圆度抖动/最小圆度：用来设置画笔笔迹圆度的变化方式，可在"最小圆度"中设置画笔笔尖的最小圆度。

翻转X抖动/翻转Y抖动：用来设置画笔的笔尖在*x*轴或*y*轴方向上的改变。

4.散布

"散布"决定了画笔笔尖的数目和位置。单击"画笔"面板中的"散布"选项，会显示相关内容，如图4-67所示。

散布：用来设置画笔笔尖的分散程度。勾选"两轴"复选框，画笔笔迹的点的分布成放射状分布；不勾选"两轴"复选框，画笔笔迹点的分布与画笔绘制的线条方向垂直如图4-68所示分别为散布为0%、散布为500%和勾选两轴散布为500%的画笔效果。

数量：用于设置每个空间间隔中画笔标记点的数量。如图4-69所示分别为数量是1和10的画笔效果。

数量抖动：用于设置每个空间间隔中画笔标记点数量变化。

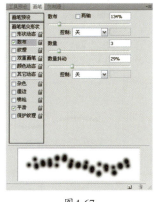
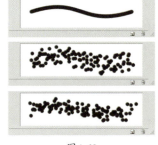
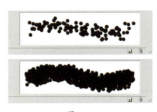

图4-67　　　　　　　　图4-68　　　　　　　　图4-69

5.纹理

单击"画笔"面板中的"纹理"选项可以显示纹理相关内容，如图4-70所示。

单击面板上方纹理预览图右侧的扩展按钮，在弹出的面板中可以选项需要的图案，勾选"反相"可以设定纹理的反相效果。

缩放：用于设置图案的缩放比例。

为每个笔尖设置纹理：用来设置是否对每个笔尖进行渲染。如果不勾选此选项，无法使用"深度"变化选项。

模式：用来设置画笔和图案之间的混合模式。

深度：用来设置画笔图案的深度。

最小深度：用来设置画笔混合图案的最小深度。

最深抖动：用来设置画笔混合图案的深度变化。

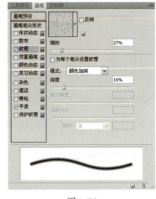

图4-70

6.双重画笔

单击"画笔"面板中的"双重画笔"选项可以显示双重画笔相关内容，如图4-71所示。

模式：在其下拉列表中可以选择两种画笔的混合模式。在画笔选择框中选择一种画笔作为用于混合的第二种画笔。

直径：用来设置第二种画笔的大小。

间距：用来设置第二种画笔所绘制的画笔笔尖之间的距离。

散布：用来设置第二种画笔在所绘制的线条中笔尖的分布效果。勾选"两轴"复选框，画笔笔尖呈放射状分布；不勾选"两轴"复选框，画笔笔尖的分布与绘制的线条方向垂直。

数量：用来设置每个空间间隔中第二种画笔笔尖的数量。

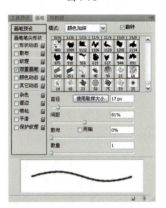

图4-71

7.颜色动态

单击"画笔"面板中的"颜色动态"选项可以显示颜色动态相关内容，如图4-72所示。

前景/背景抖动：用来指定前景色和背景色之间的动态变化。

色相抖动：用来设置笔迹颜色色相的变化范围。

饱和度抖动：用来设置笔迹颜色饱和度的变化范围。

亮度抖动：用来设置笔迹颜色亮度的变化范围。

纯度：用来设置颜色的纯度。

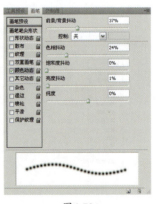

图4-72

8.其它动态

单击"画笔"面板中的"其它动态"选项可以显示其相关内容，如图4-73所示。

不透明度抖动：用来设置画笔笔迹中色彩不透明度的变化程度。

流量抖动：用来设置画笔笔迹中流量的变化程度。

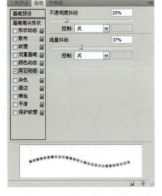

图4-73

9.其他辅助选项

杂色：用来为画笔增加杂色的效果。

湿边：用来为画笔增加水笔的效果。

喷枪：可以使画笔变为喷枪的效果。

平滑：可以使画笔绘制的线条产生平滑顺畅的曲线。

保护纹理：可以对所有的画笔应用相同的纹理图案。

4.5 │ 自定义画笔

当"画笔"面板中的画笔不能满足绘图需要时，可以创建新的画笔。

随堂练习 **自定义画笔**

素材：第4节/自定义画笔　　　　　　　　　　重点指数：★

① 打开素材图像如图4-74所示，执行"编辑＞自定义画笔"命令，打开"画笔名称"对话框如图4-75所示，设置画笔名称单击"确定"按钮。

② 选择画笔工具，在其工具选项栏中可以看到设置的自定义的笔刷样式，如图4-76所示。

图4-74

图4-75

图4-76

③ 选择该画笔笔尖，设置前景色R:0、G:102、B:153，在"画笔"面板中设置参数及设置完毕后在图像中绘制如图4-77所示。

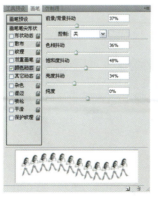
图4-77

随堂练习　绘制睫毛

素材：第4节/绘制睫毛　　　　　　　　　　　　　重点指数：★★

① 打开素材图像如图4-78所示，新建"图层1"；选择工具箱中的画笔工具✐，打开"画笔"面板，在"画笔"面板中选择名为"沙丘草"的笔刷，并设置笔刷效果，参数如图4-79所示；勾选"散布"设置参数如图4-80所示。

　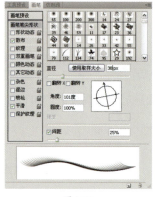　

　　图4-78　　　　　　　　　　图4-79　　　　　　　　　　图4-80

② 在图像中绘制睫毛如图4-81所示，调整画笔角度和直径如图4-82所示，继续绘制睫毛如图4-83所示。

　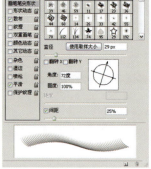　

　　图4-81　　　　　　　　　　图4-82　　　　　　　　　　图4-83

③ 继续调整笔刷如图4-84所示，绘制睫毛如图4-85所示；继续用同样的方法调整笔刷直径和角度绘制睫毛，得到的图像效果如图4-86所示，使用橡皮擦涂抹掉多余部分。

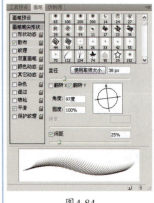　　

　　图4-84　　　　　　　　　　图4-85　　　　　　　　　　图4-86

4.6 | 填充工具组

填充工具组中包含渐变工具 ■ 和油漆桶工具 ▲。渐变工具可以在指定区域内创建多种颜色间的逐渐混合，还可以从Photoshop预设的渐变类型中选择需要的渐变。油漆桶工具可以将有相同颜色的图像部分统一更改颜色，大部分用于为图像着色的操作中。

1.渐变工具

渐变工具 ■ 用来填充渐变色，如果不创建选区，渐变工具将作用于整个图像。此工具的使用方法是按住鼠标键拖曳，形成一条直线，直线的长度和方向决定了渐变填充的区域和方向，拖曳鼠标的同时按住Shift键可保证鼠标的方向是水平，竖直或45°。选择工具箱中的渐变工具 ■，可看到4-87所示的工具选项栏。

可编辑渐变条　渐变类型

图4-87

可编辑渐变条：渐变颜色条中显示了当前的渐变颜色，单击其右侧的扩展按钮，可以打开一个弹出式面板，如图4-88所示，可以在该面板中选择预设的渐变；如果单击该渐变条可以打开"渐变编辑器"对话框如图4-89所示，在"渐变编辑器"对话框中可以设置渐变颜色，或存储渐变样式。

渐变类型：渐变类型包括线性渐变 ■、径向渐变 ■、角度渐变 ■、对称渐变 ■ 和菱形渐变5种渐变类型。使用时单击所需渐变类型所对应的按钮，在图像中绘制即可。如图4-90所示为不同类型的渐变对应的效果。

图4-88　　　　　　　　　　图4-89

图4-90

模式：用来设置应用渐变时的混合模式。

不透明度：用来设置渐变效果的不透明度。

反向：可转换渐变条中的颜色顺序，得到反向的渐变效果。

仿色：选项用来控制色彩的显示，选中它可以使色彩过渡更平滑。

透明区域：勾选该项，可创建透明渐变；取消勾选只能创建实色渐变。

随堂练习　创建渐变

素材：第4节/无　　　　　　　　　　　　　　　重点指数：★★★

创建实底渐变：如图4-91所示，单击渐变颜色色条后面的扩展按钮，会出现弹出式的渐变面板，在面板中可以选择预定的渐变，也可以自己定义渐变色。下面介绍如何设定新的渐变色。

图4-91

① 选择渐变工具 ▇，在其工具选项栏中单击可编辑渐变条，弹出"渐变编辑器"对话框如图4-92所示。任意单击一个渐变图标，在"名称"后面就会显示其对应的名称，并在对话框的下部的渐变效果预视条显示渐变的效果且可进行渐变的调节。

② 在已有的渐变样式中选择一种渐变作为编辑的基础，在渐变效果预视条中调节任何一个项目后，"名称"后面的名称自动变成"自定"，用户可以输入自己喜欢的名字如图4-93所示。

③ 渐变效果预视条下端有色标，图标的上半部分的小三角是白色，表示没有选中，用鼠标单击图标，上半部分的小三角变成与其对应的色彩相同时，表示已将其选中，如图4-94所示。

④ 如果要删除色标，直接用鼠标将其拖离渐变效果预视条就可以了，或用鼠标单击将其选中，然后单击"色标"栏中的"删除"按钮。渐变效果预视条上至少要有两个色标。

⑤ 如果要增加色标，用鼠标直接在渐变效果预视条上任意位置单击就可以了。

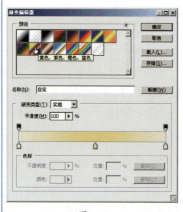
图4-92

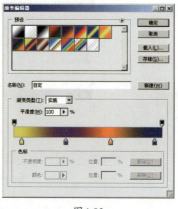
图4-93

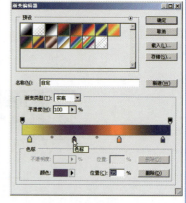
图4-94

⑥ 选择色标后，在"位置"选项中可以设置色标的位置，如图4-95所示；单击"颜色"选项或双击色标可以打开"选择色标颜色"对话框，如图4-96所示；设置色标的颜色，单击"确定"按钮，得到新的渐变效果如图4-97所示。

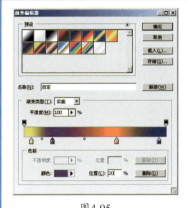

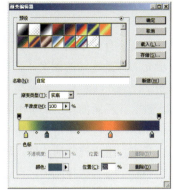

图4-95 　　　　　　　　　　图4-96 　　　　　　　　　　图4-97

⑦ 在图像中按住鼠标并拖动即可创建渐变，绘制渐变的起点和终点不同得到的渐变效果也不相同。

创建透明渐变：在"渐变编辑器"中选择一个实色渐变如图4-98所示，选择渐变预览上方的不透明度色标，可以设置渐变的不透明度，设置不透明度为50%，如图4-99所示。

创建杂色渐变：在渐变类型的下拉列表选择"杂色"，如图4-100所示；粗糙度可以设置渐变的粗糙度，该值越高，颜色的层次越丰富，但颜色过渡越粗糙；在颜色模型下拉列表中可以选择一种颜色模型通过拖动滑块即可调整渐变颜色。

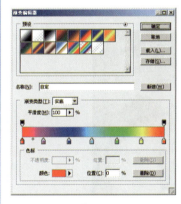
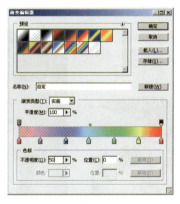
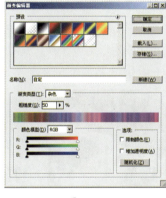

图4-98 　　　　　　　　　　图4-99 　　　　　　　　　　图4-100

小提示：

在"渐变编辑器"中调整好渐变后，输入名称后单击"新建"按钮可以将其保存到渐变列表中；如果单击"存储"按钮，可以打开"存储"对话框，将当前渐变列表中所有的渐变保存为一个渐变库；单击预设右侧的扩展按钮可以弹出列表如图4-101所示，在该菜单中可以选择追加其他渐变库。

图4-101

2.油漆桶工具

油漆桶工具 可根据像素的颜色的近似程度来填充颜色，填充的颜色为前景色或连续图案（油漆桶工具不能作用于位图模式的图像）。单击工具箱中的油漆桶工具，就会出现油漆桶工具选项栏，如图4-102所示。

图4-102

填充：有两个选项，"前景"表示在图中填充的就是工具箱中的前景色，"图案"表示在图中填充的就是连续的图案。当选中"图案"选项时，在其后的图案弹出式面板中可选择不同的填充图案。

模式：后面的弹出菜单用来选择填充颜色或图案和图像的混合模式。

不透明度：用来定义填充的不透明度。

容差：用来控制油漆桶工具每次填充的范围，数字越大，允许填充的范围也越大。

消除锯齿：选择此项，可使填充的边缘保持平滑。

连续的：选中此选项填充的区域是和鼠标单击点相似并连续的部分，如果不选择此项，填充的区域是所有和鼠标单击点相似的像素，不管是否和鼠标单击点连续。

所有图层：此选项和Photoshop中特有的"图层"有关，当选择此选项后，就不管当前在哪个层上操作，用户所使用的工具对所有的层都起作用，而不是只针对当前操作层。

如果创建了选区，填充的区域为所选区域；如果没有创建选区，则填充与鼠标点击点颜色相间的区域。

随堂练习 **制作LOMO特效照片**

素材：第4节/制作LOMO特效照片　　　　　　　　重点指数：★★

① 打开素材图像如图4-103所示。选择工具箱中的矩形选框工具，在图像中绘制选区如图4-104所示。

图4-103　　　　　图4-104　　　　　效果图

② 单击鼠标右键在弹出的下拉菜单中选择"羽化"选项，设置羽化半径为100像素，图像效果如图4-105所示；按快捷键Ctrl+Shift+I反选图像；新建"图层1"，选择工具箱中的油漆桶工具，在其工具选项栏中设置不透明度为80%，在图像中单击得到的图像效果如图4-106所示；按快捷键Ctrl+D取消选择，图像效果如图4-107所示。

　　小提示：

执行"编辑>填充"命令可以打开"填充"对话框，可以在当前图层或选区内填充颜色或图案，在填充时还可以设置不透明度和混合模式。文本图层和隐藏的图层不能被填充。

图4-105 　　　　　　　　图4-106 　　　　　　　　图4-107

综合练习　　**用笔刷制作电脑桌面**

素材：第4节/用笔刷制作电脑桌面　　　　　　　重点指数：★★★

① 按快捷键Ctrl+N打开"新建对话框"，在对话框中设置参数如图4-108所示。

图4-108

效果图

② 选择工具箱中的渐变工具 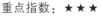，设置前景色和背景色分别如图4-109和图4-110所示；设置完毕后在工具选项栏中单击径向渐变按钮 ，在图像中绘制渐变，如图4-111所示。

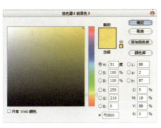

图4-109 　　　　　　　图4-110 　　　　　　　图4-111

③ 选择工具箱中的画笔工具 ，在其工具选项栏中打开"画笔预设"选取器分别载入画笔，新建图层选择载入的画笔，设置前景色为黑色，设置合适的笔刷大小在图像中绘制，如图4-112所示。

图4-112

④ 单击图层面板上的创建新图层按钮 ，新建一个图层，选择工具箱中的椭圆选框工具 ，在图像中绘制选区，如图4-113所示；绘制完毕后设置前景色，按快捷键Alt+Delete填充前景色，按快捷键Ctrl+D取消选择，得到的图像效果如图4-114所示。

图4-113　　　　　　　　　　　　　　　图4-114

⑤ 用步骤④的方法绘制其他色块，得到的图像效果如图4-115所示；调整图层位置，将所有的彩虹色块选中，按快捷键Ctrl+E合并图像，将合并后的图层至于"背景"图层的上方，图像效果如图4-116所示。

图4-115　　　　　　　　　　　　　　　图4-116

⑥ 选择工具箱中的多边形套索工具 ，在图像中绘制选区如图4-117所示，按Delete键删除选区内图像，按快捷键Ctrl+D取消选择，图像效果如图4-118所示；用步骤④~⑥的方法制作其他的色块效果，如图4-119所示。

图4-117　　　　　　　　　图4-118　　　　　　　　　图4-119

⑦ 使用画笔工具，选择载入的"云"笔刷，设置画笔不透明度和流量为50%，将前景色设置为白色，在"背景"图层上方新建一个图层，绘制云彩效果，如图4-120所示；添加云朵素材图像并适当降低其图层不透明度如图4-121所示。

图4-120　　　　　　　　　　　　　　　图4-121

⑧ 新建一个图层，将前景色设置为白色，选择柔角笔刷使用画笔工具在图像中绘制星光效果，如图4-122所示；选择工具箱中的铅笔工具 ✐，将前景色设置为黑色，按住Shift键在图像中绘制线条，并添加装饰效果如图4-123所示。

图4-122

图4-123

综合练习　制作电影胶片

素材：第4节/制作电影胶片　　　　　　　　　重点指数：★★★

① 按快捷键Ctrl+N打开"新建对话框"，在对话框中设置参数如图4-124所示。

图4-124

效果图

② 选择工具箱中的渐变工具 ▣，设置由浅灰到深灰的渐变，在图像中绘制渐变如图4-125所示；新建"图层1"，选择工具箱中的选框工具 ▢，在图像中绘制选区，将选区填充为黑色，按快捷键Ctrl+D取消选择，图像效果如图4-126所示。

图4-125

图4-126

③ 制作笔刷效果：按快捷键Ctrl+N打开"新建"对话框，在对话框中设置参数如图4-127所示；选择工具箱中的选框工具 ▢，在图像中绘制选区，执行"选择 > 修改 > 平滑"命令，打开"平滑选区"对话框，设置取样半径为10像素，设置完毕后单击"确定"按钮，将其填充为黑色，取消选区图像效果如图4-128所示。

图4-127

图4-128

④ 执行"编辑＞定义画笔预设"命令，打开"画笔名称"对话框，设置画笔名称，如图4-129所示，单击"确定"按钮；将前景色设置为白色，选择工具箱中的画笔工具 ，按快捷键F5打开"画笔"面板，如图4-130所示设置参数；新建"图层2"，按住Shift键在图像中绘制，如图4-131所示。

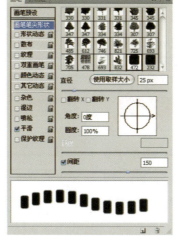

| 图4-129 | 图4-130 | 图4-131 |

⑤ 用步骤④的方法进行绘制，图像效果如图4-132所示；按住Ctrl键单击"图层2"缩览图调出其选区，选择"图层1"，按Delete键删除选区内图像，取消选区隐藏"图层2"，得到的图像效果如图4-133所示。

| 图4-132 | 图4-133 |

⑥ 打开"画笔"面板，如图4-134所示设置参数，新建一个"图层3"，将前景色设置为白色，使用画笔工具如图4-135所示进行绘制。

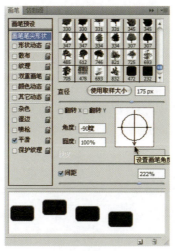

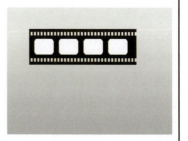

| 图4-134 | 图4-135 |

⑦ 打开需要的素材图像，将其拖曳至主文档中，生成"图层4"；按快捷键Ctrl+T调整图像大小与位置，如图4-136所示；按住Ctrl键单击"图层3"缩览图调出其选区，如图4-137所示；选择工具箱中的矩形选框工具 ，在其工具选项栏中单击与选区交叉按钮 ，在图像中绘制需要的区域，得到的图像效果如图4-138所示。

图4-136 图4-137 图4-138

⑧ 按快捷键Ctrl+Shift+I反选，选择"图层4"删除选区内图像，如图4-139所示；用步骤⑦的方法添加其他图像，如图4-140所示；另外复制一组胶片效果，调整位置后的图像效果如图4-141所示。

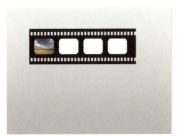

图4-139 图4-140 图4-141

⑨ 制作投影：选择"图层1"，按住Ctrl键单击新建图层按钮 ，在"图层1"下方新建一个图层，调出"图层1"选区，按快捷键Shift+F6打开"羽化选区"对话框，设置羽化半径为3像素，将选区填充为深灰色，取消选区后调整投影的位置，如图4-142所示；继续制作另外一个胶片的投影效果，图像效果如图4-143所示。

图4-142 图4-143

综合练习 绘制电脑桌面

素材：第4节/绘制电脑桌面　　　　　　　　　　　　　重点指数：★ ★ ★

① 按快捷键Ctrl+N打开"新建"对话框，如图4-144所示设置参数。

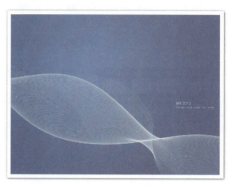

图4-144　　　　　　　　　　　　　　　　效果图

② 选择工具箱中的渐变工具，如图4-145所示设置渐变颜色；选择径向渐变按钮，如图4-146所示绘制渐变效果；新建"图层1"，隐藏"背景"图层，选择工具箱中的钢笔工具，如图4-147所示绘制路径。

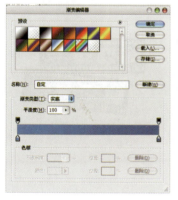

图4-145　　　　　　　　　图4-146　　　　　　　　　图4-147

③ 将前景色设置为黑色，选择工具箱中的画笔工具，设置圆角笔刷的直径为1像素，选择钢笔工具，单击鼠标右键，选择"描边路径"选项，单击"确定"按钮，按Delete删除路径，如图4-148所示；执行"编辑＞定义画笔预设"命令，打开"画笔名称"对话框，设置名称单击"确定"按钮；显示"背景"图层，隐藏"图层1"，新建"图层2"，按快捷键F5打开"画笔"面板，在"画笔"面板中选择自定义的画笔，设置"间距"为1%；将前景色设置为白色，在图像中任意绘制钢笔路径，如图4-149所示；单击鼠标右键，选择"描边路径"选项，描边路径后添加文字效果，得到的图像效果如图4-150所示。

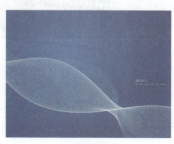

图4-148　　　　　　　　　图4-149　　　　　　　　　图4-150

Lesson 05
文字和样式

学习任务

了解文字工具

制作变形文字

学会使用字符面板

学会设置图层样式制作文字效果

了解图层样式对话框

学会添加图层样式制作效果

5.1 | Photoshop的文字

Photoshop最后输出的图像上的所有信息通常都是像素化的。在图像上加入文字后，文字也应该由像素组成，和图像具有相同的分辨率，和图像一样放大后会有锯齿。但是Photoshop保留了文字的矢量轮廓，可在缩放文字，调整文字大小，储存PDF或EPS文件或将图像输出到PostScript打印机时使用这些矢量信息，生成的文字可产生清晰的不依赖于图像分辨率的边缘。

5.1.1 | 点文字

我们可以通过3种方法创建文字：在点上创建、在段落中创建和沿路径创建。

Photoshop提供了4种文字工具，包括横排文字工具 T、直排文字工具 T、横排文字蒙版工具 T 和直排文字蒙版工具 T。横排文字工具 T 和直排文字工具 T 可以用来创建点文字和段落文字；横排文字蒙版工具 T 和直排文字蒙版工具 T 可以用来创建文字选区。

1.了解文字工具

在工具箱中选择横排文字工具 T，然后在图像上单击鼠标，出现闪动的插入标，如图5-1所示，此时可直接输入文字；图5-2所示的是输入的中文，在文字右侧有闪动的插入标，表示当前的文字输入状态。

文字工具选项栏如图5-3所示。

更改文字方向：单击该按钮，可将选择的水平方向的文字转换为垂直方向，或将垂直方向的文字转换为水平方向。

图5-1 图5-2

字体　字体大小　对齐方式　创建文字变形

更改文字方向　字形　消除锯齿　文本颜色　字符和段落面板

图5-3

字体：设置文字的字体。单击其右侧的扩展按钮，在弹出的下拉列表中可以选择字体。

字形：可以设置字体形态。只有使用某些具有该属性的字体，该下拉列表才能激活，包括Regular（规则的）、Italic（斜体）、Bold（粗体）和Bold Italic（粗斜体）4个选项。

字体大小：单击其右侧的扩展按钮，在弹出的下拉列表中可以选择需要的字号或直接在文本框中输入字体大小值。

消除锯齿：设置消除文字锯齿的功能。

对齐方式：包括左对齐、居中和右对齐，可以设置段落文字的排列方式。

文本颜色：设置文字的颜色。单击可以打开"拾色器"对话框，从中选择字体颜色。

创建文字变形：单击可打开"变形文字"对话框，在对话框中可以设置文字变形。

字符和段落面板：单击该按钮，可以显示或隐藏"字符"和"段落"面板，用来调整文字格式和段落格式。

输入文字后，在"图层"面板中可以看到新生成了一个文字图层，在图层上有一个T字母，表示当前的图层是文字图层如图5-4所示。Photoshop会自动按照输入的文字命名新建的文字图层。

　　文字图层是随时可以再编辑的。直接用工具箱中的文字工具在图像中的文字上拖曳，或用任何工具双击"图层"面板中文字图层上带有字母T的文字图层缩览图，都可以将文字选中，然后通过文字工具选项栏中的各项设定进行修改。

图5-4

2.横排文字工具

　　选择横排文字工具 **T**，在图像中单击，为文字设置插入点。I 型光标中的小线条标记的是文字基线（文字所依托的假想线条）的位置。

随堂练习	使用横排文字输入文本

素材：第5节/使用横排文字输入文本　　　　　　　　重点指数：★★★

　　① 执行"文件＞新建"命令，打开"新建"对话框，设置参数如图5-5所示；设置前景色颜色如图5-6所示，设置完毕后按快捷键Alt+Delete键填充前景色；打开素材图像如图5-7所示。

图5-5　　　　　　　　　　图5-6　　　　　　　　　　图5-7

　　② 如图5-8所示按住Ctrl键同时选中3个图层，拖动至主文档中按快捷键Ctrl+T调整图像大小与位置，得到的图像效果如图5-9所示；复制"图层1"，得到"图层1副本"图层，如图5-10所示；调整图像大小与位置，得到的图像效果如图5-11所示。

图5-8　　　　　　　图5-9　　　　　　　图5-10　　　　　　　图5-11

　　③ 选择工具箱中的横排文字工具 **T**，如图5-12所示在工具选项栏中设置参数。

图5-12

④ 在图像中单击输入文字如图5-13所示；选中文字后按住Alt键同时按住向下方向键，调整文字行距如图5-14所示；调整完毕后按小键盘的Enter键确认，如图5-15所示；按快捷键Ctrl+T调出自由变换框旋转文字，调整完毕后按Enter键确认变换，图像效果如图5-16所示。

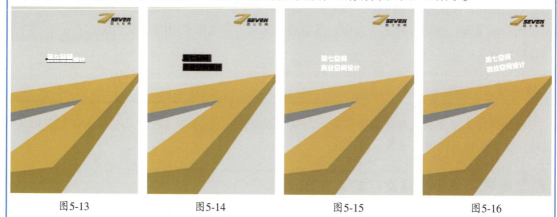

图5-13　　　　　　　　图5-14　　　　　　　　图5-15　　　　　　　　图5-16

⑤ 使用文字工具拖动鼠标选中文字如图5-17所示；在工具选项栏中将其字号大小改为38点，字体效果如图5-18所示；将"商业空间设计"字号调整为48点，如图5-19所示；在文本前方单击，按"空格"键，插入空格，如图5-20所示。

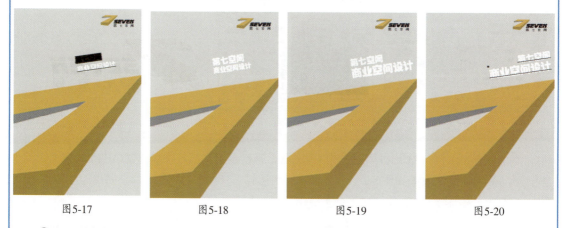

图5-17　　　　　　　　图5-18　　　　　　　　图5-19　　　　　　　　图5-20

⑥ 用同样的方法按住Alt键同时按住向下方向键，调整文字行距，如图5-21所示；选择工具箱中的矩形选框工具█，在图像中绘制选区如图5-22所示；新建"图层2"，将其至于文字图层下方，将其填充为黑色，取消选择，按快捷键Ctrl+T调出自由变换框，调整图像大小与位置，如图5-23所示；复制"图层2"，得到"图层2副本"图层，调整图像位置如图5-24所示。

图5-21　　　　　　　　图5-22　　　　　　　　图5-23　　　　　　　　图5-24

⑦ 选择工具箱中的多边形套索工具 ，在图像中绘制选区如图5-25所示；按Delete键删除选区内图像，按快捷键Ctrl+D取消选择，如图5-26所示；设置前景色色值为R:143、G:143、B:143，设置完毕后单击确定按钮，在图像中输入文字如图5-27所示；将前景色设置为黑色，输入文字如图5-28所示。

图5-25   图5-26   图5-27   图5-28

3.直排文字工具

选择直排文字工具 ，在图像中单击，基线标记的是文字字符的中心轴。 如图5-29所示为原图，选择工具箱中的直排文字工具，如图5-30所示在其工具选项栏中设置参数，在图像中单击输入文字如图5-31所示。

图5-29   图5-30   图5-31

4.创建变形文字

单击文字工具选项栏中的创建文字变形按钮 ，打开"变形文字"对话框，如图5-32所示，在对话框中可以设置文字变形。

样式：在该下拉列表中可以选择15种变形样式，如图5-33所示。

图5-32

图5-33

水平/垂直：选择"水平"，文本扭曲的方向为水平方向，如图5-34所示；选择"垂直"，文本扭曲的方向为垂直方向，如图5-35所示。

图5-34　　　　　　　　　　　　　　　　　　图5-35

弯曲：设置文本的弯曲程度。

水平扭曲/垂直扭曲：设置文本的透视效果。

小提示：

使用文字工具创建的文本，没有栅格化或转换为形状前，可以在"变形文字"对话框中更改文字变形样式或选择"无"取消文字样式。

5.创建路径文字

可以使用钢笔，直线或形状等工具绘制路径，然后沿着该路径键入文本。路径没有与之关联的像素。可以将它想象为文字的模板或引导线。例如，要使文本成球形分布，可以使用椭圆工具围绕该球形绘制一条路径，然后在该路径上键入文本。

如图5-36所示图像，选择工具箱中的钢笔工具 ，在图像中绘制路径如图5-37所示，选择工具箱中的横排文字工具在图像中路径上单击如图5-38所示，输入文字如图5-39所示。

图5-36　　　　　　图5-37　　　　　　图5-38　　　　　　图5-39

6.文本的编辑

文字工具选项栏中只包含了部分字符属性控制参数，而"字符"面板中则包含了所有的参数控制，不但可以设置文字的字体、字号、样式和颜色，还可以设置字符间距、垂直缩放和水平缩放，以及加粗、加下划线和加上标等。在工具选项栏中单击切换字符和段落面板按钮 或执行"视图>字符"命令，可打开如图5-40所示的"字符"面板。

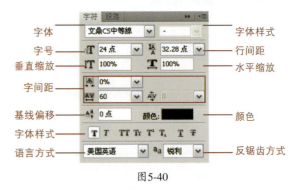

图5-40

行间距：行距是指文本中各个文字行之间的垂直间距。按住Alt键同时按住向下或向上方向键可以调整行距。向下为增加行距，向上为缩小行距。

　　字间距：用来调整两个字符或多个之间的间距。可以在两个字符之间插入光标设置间距，也可以同时选中几个字符设置间距。按住Alt键同时按住向右或向左方向键可以调整字距。向右为增加字间距，向左为缩小字间距。

　　水平缩放/垂直缩放：水平缩放用于调整字符的宽度，垂直缩放用于调整字符的高度。当这两个百分比相同时，可进行等比缩放。

　　基线偏移：用来控制文字与基线的距离，可以升高或降低所选文字。

　　语言：对所选字符进行有关连字符和拼写规则的语言设置。

综合练习　　**制作杂志封面效果**

素材：第5节/制作杂志封面效果　　　　　　　　重点指数：★ ★ ★ ★

　　① 打开素材图像如图5-41所示；选择工具箱中的横排文字工具 **T**，在图像中单击输入文字，如图5-42所示在"字符"面板中设置参数，输入文字后的图像效果如图5-43所示。

图5-41　　　　　　　　图5-42　　　　　　　　图5-43　　　　　　　　效果图

　　小提示：

文本输入完毕后按快捷键Ctrl+Enter提交文本输入。

　　② 在"字符"面板中设置参数，如图5-44所示，在图像中输入文字如图5-45所示；使用鼠标在文本中单击并拖动选中文字如图5-46所示，在"字符"面板中调整文字如图5-47所示，调整完毕后的文字效果如图5-48所示。

图5-44

图5-45　　　　　　　　图5-46　　　　　　　　图5-47　　　　　　　　图5-48

　　③ 在"字符"面板中设置参数，如图5-49所示；设置字体颜色如图5-50所示，设置完毕后

在图像中输入文字如图5-51所示；调整文字大小继续输入文字如图5-52所示。

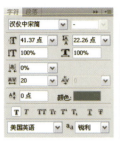

| 图5-49 | 图5-50 | 图5-51 | 图5-52 |

④ 在"字符"面板中设置参数，如图5-53所示，设置字体颜色为R:223、G:27、B:106，设置完毕后在图像中输入文字如图5-54所示；选中文字如图5-55所示，单击仿斜体按钮如图5-56所示。

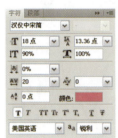

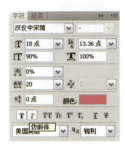

| 图5-53 | 图5-54 | 图5-55 | 图5-56 |

⑤ 用同样的方法设置其他文字如图5-57所示和图5-58所示；继续添加其他文字如图5-59所示。

小提示：

在输入文字的时候不容易一次到位，主要通过后期在"字符"面板中调整字体大小、字体颜色、字间距和字行距等。

⑥ 确认文字输入后，可按快捷键Ctrl+T调出自由变换框调整文字大小。

图5-57

图5-58

图5-59

5.1.2 | 段落文字

在Photoshop中有两种输入文字的方式。一种是如前面所讲的，输入少量文字，一个字或一行字符，被称为"点文字"；另一种是输入大段的需要换行或分段的文字，被称为"段落文字"。

点文字是不会自动换行的，可通过回车键使之进入下一行。段落文字具备自动换行的功能。下面这种方法用来创建段落文字。

1.创建段落文字

图5-60所示为原图，选择横排文字工具并拖曳，松开鼠标后就会创建一个段落文字框如图5-61所示，在文本框中输入文字如图5-62所示，可以更改文字的颜色，重新调整文本框的框架结构如图5-63所示，确认文字输入同样按快捷键Ctrl+Enter。

| 图5-60 | 图5-61 | 图5-62 | 图5-63 |

2.段落的编辑

在工具选项栏中单击切换字符和段落面板按钮 或执行"视图＞段落"命令，可打开如图5-64所示的"段落"面板。

对齐方式：从左至右依次为左对齐文本、居中对齐文本、右对齐文本、最后一行左对齐文本、最后一行居中对齐文本、最后一行右对齐文本和全部对齐文本7个按钮选项。

图5-64

左缩进：横排文字从段落的左边缩进，直排文字从段落的顶端缩进。

右缩进：横排文字从段落的右边缩进，直排文字从段落的底部缩进。

首行缩进：缩进段落的首行文字。

段落前添加空格/段落后添加空格：设置本段文字与上段文字的间距，即段间距。

5.1.3 | 栅格化文字

某些命令和工具（例如滤镜效果和绘画工具）不适用于文字图层。必须在应用命令或使用工具之前栅格化文字。栅格化将文字图层转换为正常图层，并使其内容成为不可编辑的文本。对于包含矢量数据（如文字图层、形状图层和矢量蒙版）和生成的数据（如填充图层）的图层，不能使用绘画工具或滤镜。可以栅格化这些图层，将其内容转换为平面的光栅图像。

选中需要栅格化的文字，在文字图层的空白处单击鼠标右键，在弹出的下拉菜单中选择"栅格化文字"即可将文字转化为普通图层。

5.2 | 样式对话框

Photoshop允许为图层添加样式，以使图像呈现不同的艺术效果。Photoshop内设置了10多种图层样式，使用它们只需要简单设置几个参数就可以轻易地制作出投影、外发光、内发光、浮雕、描边等效果。

执行"图层>图层样式"命令或在"图层"面板中单击添加图层样式按钮 *fx*，在打开的下拉菜单中选择一个样式，可以打开"图层样式"对话框，如图5-65所示。

双击需要添加样式的图层，可以打开"图层样式"对话框。

小提示：

"背景"图层不能添加图层样式。如果要为其添加样式，需要先将它转换为普通图层。

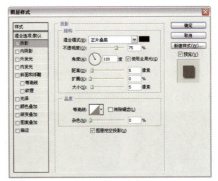

图5-65

"图层样式"对话框的左侧列出了10种效果，效果名称前面的复选框内有"√"标记的，表示在图层中添加了该效果。

单击一个效果的名称，可以选中该效果，对话框的右侧会显示与之对应的选项，如图5-66所示。如果单击效果名称前的复选项，则可以应用该效果，但不会显示效果选项，如图5-67所示。

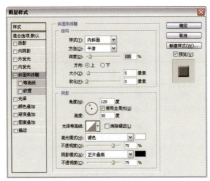

图5-66

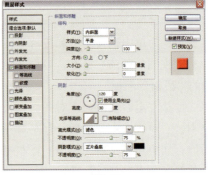

图5-67

1.投影样式

"投影"效果用于模拟物体受光后产生的投影效果，可以增加图像的立体感和层次感。图5-68所示为原图像，为其添加"投影"样式默认参数，得到的图像效果如图5-69所示。

idea-office　　idea-office

图5-68

图5-69

执行"图层＞图层样式＞投影"命令或在
"图层"面板中单击添加图层样式按钮 _fx_，
在打开的下拉菜单中选择"投影"样式，可以
打开"图层样式"对话框设置"投影样式"，
如图5-70所示。下面详细讲解其各个选项的作
用。

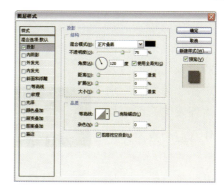

图5-70

混合模式：用来设置投影与下面图层的混合方式，默认为"正片叠底"模式。

投影颜色：单击"混合模式"选项右侧的颜色块，可以在打开的"拾色器"中设置投影颜
色。

不透明度：拖动滑块或输入数值可以调整投影的不透明度，该值越低，投影越淡。

角度：用于设置投影应用于图层时的光照角度，可在文本框中输入数值，也可以拖动圆形内
的指针来进行调整。指针指向的方向为光源的方向，相反方向为投影的方向。

使用全局光：可保持所有光照的角度一致，取消勾选时可以为不同的图层分别设置光照角
度。

距离：用来设置投影偏移图层内容的距离，该值越高，投影越远。我们也可以将光标放在文
档窗口的投影上（光标会变为移动工具 ），单击并拖动鼠标直接调整投影的距离和角度。

大小／扩展："大小"用来设置投影的模糊范围，该值越高，模糊范围越广；该值越小，投
影越清晰。"扩展"用来设置投影的扩展范围，该值会受到"大小"选项的影响。例如，将"大
小"设置为0像素以后，无论怎样调整"扩展"值，都生成与原图像大小相同的投影。

等高线：使用等高线可以控制投影的形状。

消除锯齿：混合等高线边缘的像素，使投影更加平滑。该选项对于尺寸小且具有复杂等高线
的投影最有用。

杂色：用来在投影中添加杂色，该值越高时，投影会变为点状。

图层挖空投影：用来控制半透明图层中投影的可见性。选择该选项后，如果当前图层的填充
不透明度小于100%，则半透明图层中的投影不可见。

2.内阴影样式

"内阴影"效果与阴影效果作用相反，其主要用于使图像内部产生阴影效果。此命令的对话
框内容与投影命令的对话框基本相同。选择"内阴影"选项，弹出"内阴影"图层样式，应用样
式后图像效果如图5-71所示。

阻塞：用于对阴影的内向宽度进行微调。

图5-71

3.外发光样式

"外发光"效果可以沿图层内容的边缘向外创建发光效果。选择"外发光"选项，弹出"外发光"图层样式，应用样式后图像效果如图5-72所示。

图5-72

混合模式/不透明度："混合模式"用来设置发光效果与下面的混合方式；"不透明度"用来设置发光效果的不透明度，该值越低，发光效果越弱。

杂色：可以在发光效果中添加随机的杂色，使光晕呈现颗粒感。

发光颜色："杂色"选项下面的颜色块和颜色条用来设置发光颜色。如果要创建单色发光，可单击左侧的颜色块，在打开的"拾色器"中设置发光颜色；如果要创建渐变发光，可单击右侧的渐变条如图5-73所示，在打开的"渐变编辑器"中设置渐变颜色。如图5-74所示设置渐变发光颜色，图5-75所示为渐变发光效果。

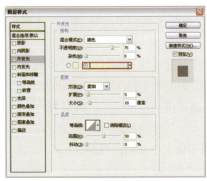

图5-73

图5-74

图5-75

方法：用来设置发光的方法，以控制发光的准确程度。选择"柔和"，可以对发光应用模糊，得到柔光的边缘；选择"精确"，则得到精确的边缘。

扩展/大小："扩展"用来设置发光范围的大小；"大小"用来设置光晕范围的大小。

4.内发光样式

"内发光"效果可以沿图层内容的边缘向内创建发光效果。选择"内发光"选项，弹出"内发光"图层样式，如图5-76所示，应用样式后图像效果如图5-77所示。"内发光"效果中除了"源"和"阻塞"外，其他大部分选项都与"外发光"效果相同。

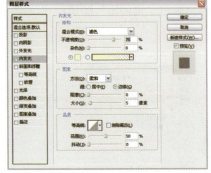

图5-76

图5-77

源：用来控制发光源的位置。选择"居中"，表示应用从图层内容的中心发出的光，此时如果增加"大小"值，发光效果会向图像的中央收缩，如图5-78所示；选择"边缘"，表示应用从图层内容的内部边缘发出的光，此时如果增加"大小"值，发光效果会向图像的中央扩展，如图5-79所示。

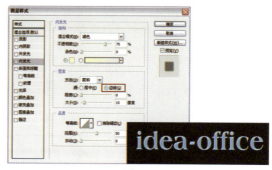

图5-78   图5-79

5.斜面和浮雕样式

阻塞：用来在模糊之前收缩内发光的杂边边界。

"斜面和浮雕"效果包括"等高线"和"纹理"两个选项，它们的作用是分别对图层效果应用等高线和透明纹理效果。"斜面和浮雕"可以制作出立体感的图像，这个功能在图像处理中应用得相当频繁。选择"斜面和浮雕"选项，弹出"斜面和浮雕"图层样式如图5-80所示，应用样式后图像效果如图5-81所示。

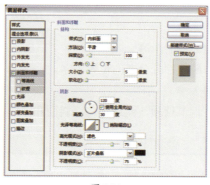

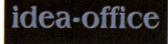

图5-81

图5-80   图5-82

斜面和浮雕主要包括以下5种样式，一般默认是"内斜面"样式，如图5-82所示为设置外斜面样式的图像效果。另外，在样式下拉列表中还包括"浮雕效果"、"枕状浮雕"和"描边浮雕"3种浮雕样式。

外斜面：可以在图层中图像外部边缘产生一种斜面的光线照明效果。

内斜面：可以在图层中图像内部边缘产生一种斜面的光线照明效果。

浮雕效果：创建当前图层内容向下方图层凸出的效果。

枕状浮雕：创建图层中图像边缘陷入下方图层的效果。

描边浮雕：类似浮雕效果，但只在当前图层图像有"描边"图层样式时才会起到作用，如当前图层图像没有"描边"样式，选择此浮雕效果，不起作用。

在"方法"列表中包含3种斜面方式，分别是"平滑"、"雕刻清晰"和"雕刻柔和"，在默认状态下为"平滑"。

平滑：稍微模糊杂边的边缘，可用于所用类型的杂边，不论其边缘是柔和的还是清晰的。此技术不保留大尺寸的细节特征。

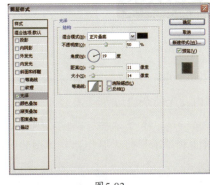

雕刻清晰：使用距离测量技术，主要用于消除锯齿形状的硬边杂边。它保留细节特征的能力优于"平滑"技术。

雕刻柔和：使用经过修改的距离测量技术，虽然不如"雕刻清晰"精确，但对较大范围的杂边更有用。它保留特征的能力优于"平滑"技术。

"方向"的编辑，主要用于设定"斜面和浮雕"样式的视觉方向。

纹理：所用图案库和"图案叠加"样式所用的图案库所储存的文件一致。不过，"纹理"中的图案都以灰度模式显示。

缩放：选项可改变纹理的大小，其范围从-1000%到1000%。"深度"可调节图案雕刻的立体感。如果选择"反相"，图像呈现出与当前选择图案明暗相反的纹理效果。

6. 光泽样式

"光泽"图层样式主要用于创建光滑的磨光或金属效果，其对话框样式如图5-83所示。在其调节选项中，"距离"、"角度"和"大小"是控制光泽的主要选项，添加"光泽"样式后的图像效果如图5-84所示。

图5-83   图5-84

距离：用于控制光泽与图像边缘的距离。

角度：用于控制光泽高光与阴影部分分布的位置关系。

大小：用于控制光泽分布的大小。

另外，光泽也有"等高线"调节选项，此选项与"斜面和浮雕"中的等高线选项基本相同。

7. 颜色叠加、渐变叠加和图案叠加样式

"颜色叠加"样式针对相对简单的图层样式，通过"颜色叠加"可为图层叠加某种颜色。这里混合模式的作用实际上就是将叠加的纯色改变混合模式，象征性地以单独的图层形式叠加在图像上，使图像看起来与叠加在图层上面的效果更加融合。

"渐变叠加"样式可以为图层添加渐变效果。这里添加的渐变和工具箱中的渐变工具一样，使用的是同一个渐变库。"样式"选项选择的是渐变的样式，在下拉菜单中共有5种渐变类型可供选择，分别是线性、径向、角度、对称和菱形。图5-85所示设置混合模式为"滤色"的颜色叠加；图5-86所示设置线性渐变样式，图5-87所示是叠加颜色后产生的图像效果。

图5-85   图5-86   图5-87

"图案叠加"样式可以为图案添加图案效果，这里添加的图案和工具箱中的油漆桶工具添加图案一样，使用的也是同一个图案库。在"图案叠加"图层样式中，单击"图案"选项就会弹出现有的图案库，可根据需要进行选择。如图5-88所示设置图案，图像效果如图5-89所示。

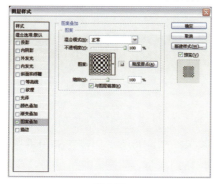

缩放：选择图案的相对大小。

不透明度：用来调整叠加图案的深浅变化。

图5-88　　　　　　　　　　　　　　　　　　图5-89

8.描边样式

"描边"图层样式就是沿图像边缘进行描边。

大小：用于控制描边的宽度。另外，有3种不同的描边类型可供选择，分别是"颜色"、"渐变"和"图案"，具体调节方法和"颜色叠加"、"渐变叠加"和"图案叠加"图层样式调节方法一致，这里不再详解。

综合练习　制作立体图案文字特效

素材：第5节/制作立体图案文字特效　　　　　　　　重点指数：★ ★ ★

① 新建一个空白文档，参数设置如图5-90所示；设置完毕后单击"确定"按钮，选择工具箱中的渐变工具，在其工具选项栏中选择渐变颜色，如图5-91所示，单击线性渐变按钮，在图像中绘制如图5-92所示渐变。

效果图

图5-90　　　　　　　　图5-91　　　　　　　　　　图5-92

② **栅格化文字**：选择工具箱中的横排文字工具在图像中输入文字，如图5-93所示；设置色色值为R:251、G:110、B:103，设置完毕后按快捷键Alt+Delete填充前景色，选择文字图层，单击鼠标右键选择"栅格化文字"；按快捷键Ctrl+T调出自由变换框按住Ctrl键调整文字，并旋转图像，如图5-94所示；复制"S"图层得到"S副本"图层，并将其置于"S"图层下方如图5-95所示。

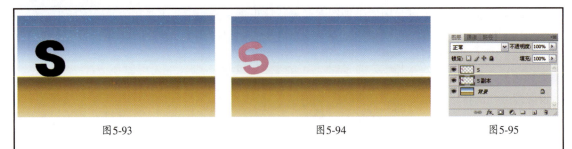

图5-93　　　　　　　　　　图5-94　　　　　　　　　　图5-95

③ 复制文字制作立体效果：选择工具箱中的移动工具，按住Alt键的同时按方向键↑和→复制图像，重复操作得到的图像效果如图5-96所示；按住Shift键选中所有的副本图层按快捷键Ctrl+E合并图层，并将图层更名为"S副本"，如图5-97所示；设置前景色色值为R:162、G:42、B:158，设置完毕后按住Ctrl键单击"S副本"图层缩览图，调出选区并填充前景色，图像效果如图5-98所示，按快捷键Ctrl+D取消选择。

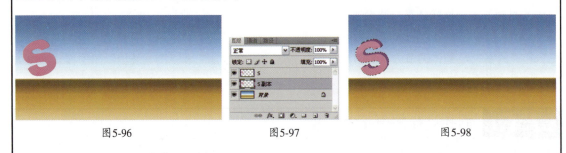

图5-96　　　　　　　　　　图5-97　　　　　　　　　　图5-98

④ 定义图案：打开需要的花纹素材，如图5-99所示；选择工具箱中的矩形选框工具在图像中绘制选区如图5-100所示；执行"编辑＞定义图案"命令，打开"图案名称"对话框，设置图案名称单击"确定"按钮。

⑤ 添加图层样式：回到刚才编辑的文档中选择"S"图层，单击"图层"面板上的添加图层样式按钮 *fx* 或双击该图层，打开"图层样式"对话框，勾选"内发光"复选框，如图5-101所示设置参数；勾选"斜面和浮雕"复选框，如图5-102所示设置参数；勾选"渐变叠加"复选框，如图5-103所示设置参数；勾选"图案叠加"复选框选择设置好的图案，如图5-104所示设置其他参数。

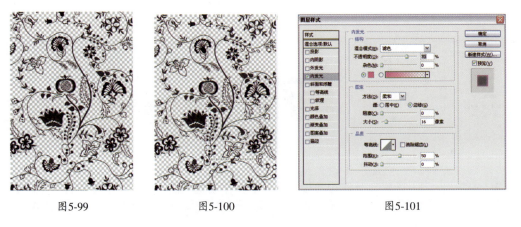

图5-99　　　　　　　　　　图5-100　　　　　　　　　　图5-101

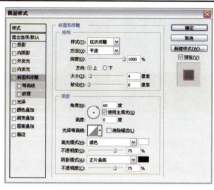

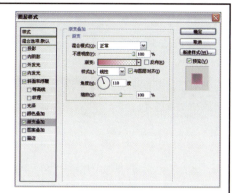

图5-102

图5-103

小提示：

设置外发光颜色为R:244、G:38、B:164；设置渐变
叠加颜色为R:239、G:75、B:179到透明的渐变。

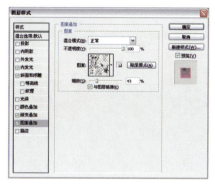

图5-104

⑥ 设置完毕后的图像效果如
图5-105所示，"图层"面板如图
5-106所示；选择"S副本"图层，
双击该图层打开"图层样式"对话
框，勾选"投影"复选框，设置参
数如图5-107所示；勾选"渐变叠
加"复选框设置参数和渐变颜色如
图5-108和图5-109所示。

图5-105

图5-106

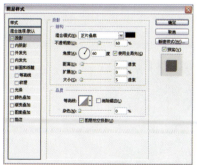

图5-107

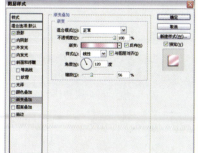

图5-108

图5-109

小提示：

设置渐变颜色从左至右为R:254、G:167、B:222，白色，R:254、G:173、B:224，白色，
R:233、G:92、B:195。

⑦ 设置完毕后，图像效果如图5-110所示；用同样的方法制作其他文字效果如图5-111所示。

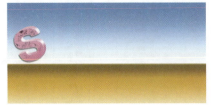
图5-110

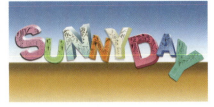
图5-111

⑧ 同时选中多个图层并合并图层：按住Ctrl键同时选择"S"图层和"S副本"图层，将其复制并按快捷键Ctrl+E合并复制的图层，将其置于"S"图层和"S副本"图层的下方，如图5-112所示；按快捷键Ctrl+T调出自由变换框，单击鼠标右键选择"垂直翻转"选项，调整图像位置如图5-113所示；将该图层的不透明度设置为40%，图像效果如图5-114所示。

图5-112

图5-113

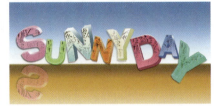
图5-114

⑨ 图层蒙版与渐变的结合使用：单击图层面板中的添加图层蒙版按钮，为其添加"图层"蒙版，如图5-115所示选择图层蒙版；将前景色和背景色设置为默认的黑色和白色，选择工具箱中的渐变工具，在其工具选项栏中设置由前景到背景的渐变类型，在图像中从下至上拖动鼠标绘制渐变，图像效果如图5-116所示；"图层"面板如图5-117所示。

图5-115

图5-116

图5-117

⑩ 用同样的方法制作其他效果，得到的图像效果如图5-118所示。

图5-118

综合练习 制作水晶立体字效果

素材：第5节/制作水晶立体字效果　　　　　　　　　重点指数：★★★

① 新建一个空白文档，参数设置如图5-119所示；设置完毕后单击"确定"按钮，选择工具箱中的渐变工具■，将前景色设置为白色，背景色设置为R:100、G:100、B:100，在其工具选项栏中单击线性渐变按钮■，在图像中绘制由上至下绘制渐变；选择工具箱中的横排文字工具在图像中输入文字，如图5-120所示；按住Ctrl键调出其选区，如图5-121所示。

效果图

图5-119

图5-120

图5-121

② 执行"选择>修改>平滑"命令，设置取样半径为4像素，单击"确定"按钮，得到的选区效果如图5-122所示；单击"图层"面板中的创建新图层按钮，新建"图层1"，设置前景色为白色，按快捷键Alt+Delete键填充前景色，按快捷键Ctrl+D取消选择，如图5-123所示；隐藏"PHOTOSHOP"文字图层，"图层"面板如图5-124所示。

图5-122

图5-123

图5-124

③ 双击"图层1"，打开"图层样式"对话框，勾选"投影"选项，如图5-125所示设置参数，勾选"渐变叠加"如图5-126所示设置参数；勾选"斜面和浮雕"如图5-127所示设置参数，勾选"描边"如图5-128所设置参数。

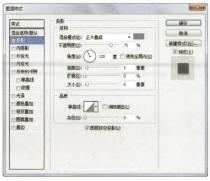
图5-125

图5-126

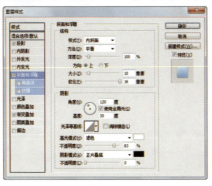

图5-127　　　　　　　　　　　　　　　　　　　图5-128

④ 设置完毕后，单击"确定"按钮，得到图像效果如图5-129所示；选择工具箱中的套索工具，在其工具选项栏中单击添加到选区按钮，如图5-130所示在图像中任意绘制选区；新建"图层2"，将前景色设置为白色，按快捷键Alt+Delete填充前景色，如图5-131所示。

图5-129　　　　　　　　　　　图5-130　　　　　　　　　　　图5-131

⑤ 按住Ctrl键单击"图层1"缩览图，调出其选区，按快捷键Ctrl+Shift+I将选区反向，如图5-132所示；按Delete键删除选区内图像，如图5-133所示；将"图层2"的图层不透明度设置为70%，得到的图像效果如图5-134所示。

图5-132　　　　　　　　　　　图5-133　　　　　　　　　　　图5-134

⑥ 隐藏"背景"图层，按快捷键Ctrl+Shift+Alt+E盖印可见图层，得到"图层3"，"图层"面板如图5-135所示；按快捷键Ctrl+T调出自由变换框，单击鼠标右键选择"垂直翻转"选项，调整图像位置如图5-136所示；选择工具箱中的橡皮擦工具，设置合适的柔角笔刷，在图像中涂抹，制作倒影效果，显示"背景"图层，并添加文字装饰得到的图像效果如图5-137所示。

图5-135　　　　　　　　　　　图5-136　　　　　　　　　　　图5-137

Lesson 06
路径的应用

学习任务

掌握路径工具的使用技巧

能够创建和编辑路径

熟练掌握路径与选区的转换

使用路径抠图

6.1 路径的作用

路径具有创建选区、绘制图形、编辑选区和剪贴功能。利用这些功能，我们可以制作任意形状的路径，然后将其转换为选区，实现对图像更加精确的编辑和操作；或者使用路径工具建立路径后，再利用描边或填充命令，制作任意形状的矢量图形；还可以将Photoshop其他工具创建的选区转换为路径，使用路径的编辑功能对其进行编辑和调整，从而达到修改选区的目的。

6.2 认识路径及"路径"面板

所谓路径，就是用一系列锚点连接起来的线段或曲线，可以沿着这些线段或曲线进行描边或填充，还可以转换成选区。

1.组成路径的基本元素

路径分为直线路径和曲线路径，直线路径由锚点和路径线组成，如图6-1所示；曲线路径相对直线路径来说只是多一个控制手柄，拖动它可以任意调整曲线路径的弧度，如图6-2所示。

图6-1　锚点

图6-2　控制手柄

2.认识"路径"面板

"路径"面板可以用来编辑路径，新建路径、删除路径、将路径转换为选区或为路径描边都可以在该面板中实现。

执行"窗口>路径"命令，可以打开"路径"面板，如图6-3所示。在图像编辑窗口中绘制路径后，单击"路径"控制调板右上角的█按钮，在弹出的调板菜单中选择"存储路径"选项；或在"路径"调板中选择要保存的路径图层，并在该路径图层上双击鼠标左键，将弹出"存储路径"对话框，如图6-4所示，设置路径名称。

小提示：

路径面板下方的按钮从左至右依次为用前景色填充路径●、用画笔描边路径○、将路径作为选区载入○、从选区生成工作路径○、创建新路径◻以及删除当前路径🗑。

图6-3

图6-4

Photoshop提供路径的目的在很大程度上来说是为了弥补选区的不足，并辅助绘制更为复杂的图像。绘制完路径后，用户可以通过"路径"控制面板底部的将路径作为选取载入按钮○将路径转换成选区，只需单击该按钮即可。

绘制路径的目的就是为了对其填充或描边，以得到需要的图像效果。填充路径是指用指定的颜色或图案填充路径周围的区域，路径的描边就是使用一种图像绘制工具或修饰工具沿着路径绘制图像或修饰图像。

6.3 路径的绘制与编辑

在工具选择栏中有专门绘制路径的形状工具组、钢笔工具组和可以编辑路径选择路径工具组。

1.路径工具选项栏

通过工具箱中的钢笔工具 可以绘制出任意形状的路径，该工具对应的属性栏与形状工具对应的属性栏完全一致，如图6-5所示。

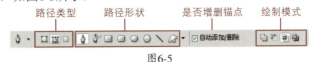

图6-5

路径类型：从左至右依次为形状图层按钮 、路径按钮 和填充像素按钮 。如果单击形状图层按钮在图像中绘制路径时会默认前景色填充路径，并在"图层"面板中生成"形状"图层，如图6-6所示；如果单击路径按钮在图像中绘制在"路径"面板中形成一个临时的"工作路径"图层，如图6-7所示；如图单击填充像素按钮则绘制的路径自动填充前景色，图像中不形成路径。

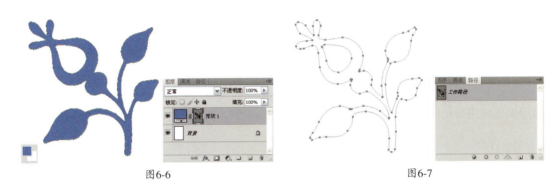

图6-6   图6-7

路径形状：包括矩形工具 、圆角矩形工具 、椭圆工具 、多边形工具 、直线工具 和自定义形状工具 。通过路径形状工具组可以方便地绘制规则的路径，在其对应的工具选项栏中可以设置参数。其中圆角矩形工具可以在工具选项栏中设置其对应圆角的圆度；多边形工具在其工具选项栏中设置边数；自定义形状工具在其工具选项栏中有Photoshop自带的形状如图6-8所示，在该列表中可以选择需要的形状在图像中绘制。

是否增删锚点：如果勾选此选项当钢笔工具移动到锚点上时，钢笔会自动转换为删除锚点样式如图6-9所示；当移动到路径线上时，钢笔会自动转换成为添加锚点的样式如图6-10所示。

绘制模式：绘制模式其用法与选区相同，可以实现路径的相加、相减和相交等运算。

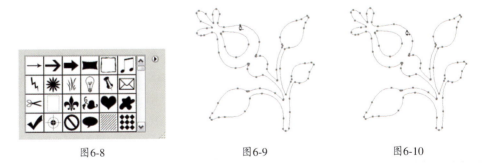

图6-8   图6-9   图6-10

2.绘制路径

绘制直线路径：选择钢笔工具后在图像中不同的地方单击，即可快速绘制出直线路径。其用法与多边形套索工具相似。

绘制曲线路径：使用钢笔工具也可以灵活地绘制具有不同弧度的曲线路径。图6-11所示为原图，选择工具箱中的钢笔工具在图像中单击绘制起点，在花瓶的边缘再次单击绘制第二个锚点并拖动鼠标即可出现手柄，如图6-12所示；可以通过调整手柄调整取消曲线的形状，继续绘制如图6-13所示；绘制完毕后的路径效果如图6-14所示。

| 图6-11 | 图6-12 | 图6-13 | 图6-14 |

绘制自由路径：在钢笔工具属性栏中设置路径绘制工具为自由钢笔工具 ，绘制自由路径如同使用磁性套索工具绘制自由选取类似。

绘制自定义路径：使用钢笔工具属性栏中的矩形、圆角矩形、椭圆、直线、自定义工具，可以像绘制形状图形一样绘制路径，其绘制方法与形状的绘制方法完全一样，这里不再讲述。

3.编辑路径

对用户来说，路径的修改和调整比路径的绘制更重要，因为初次绘制的路径往往不够精确，而使用各种路径调整工具可以将路径调整到需要的效果。

路径的选择：要对路径进行编辑，首先要学会如何来选择路径。工具箱中钢笔工具组内的路径选择工具 和直接选择工具 就是用来实现路径的选择。选择相应的工具后在路径所在区域单击即可选择路径。

当路径选择工具在路径上单击后，将选择所有路径和路径上的所用锚点，而使用直接选择工具时，只选中单击处锚点间的路径而不选中锚点。

如果想选择锚点，则只能通过直接选择工具来实现，其使用方法如同使用移动工具选择图像一样方便。

锚点的编辑：路径绘制完成后，在其编辑过程中会根据需要增加、删除或更改一些锚点的属性。可以选择钢笔工具组内的添加锚点工具 、删除锚点工具 和转换点工具 实现。如果要在路径上增加锚点，只须选择钢笔工具组内的添加锚点工具 ，然后在路径上单击即可增加一个锚点。

通过前面的学习可以知道，如果绘制的路径是曲线路径，则锚点处会显示一条或两条控制手柄，如图6-15所示；拖动控制手柄可改变曲线的弧度，如图6-16所示；选择工具箱中的转换点工具 ，在锚点上单击，可以将平滑点转换成角点，如图6-17所示；使用转换点工具 在具有角点属性锚点上单击并拖动，可以显示控制手柄，如图6-18所示；这时还可以分别拖动两侧的控制手柄改变曲线度，如图6-19所示。

| 图6-15 | 图6-16 | 图6-17 | 图6-18 | 图6-19 |

6.4 路径的基本操作

路径的基本操作包括新建、显示与隐藏、重命名、保存和删除等操作，下面分别进行介绍。

创建新路径：单击"路径"控制面板底部的创建新路径按钮，系统会自动在"路径"面板中新建一个名为"路径1"的空路径，此时在图像窗口绘制路径就存储在该路径上了。

显示与隐藏路径：绘制完成的路径会显示在图像窗口中，有时会影响接下来的操作，用户可以根据情况对路径进行隐藏。按住Shift键单击"路径"面板中的路径缩略图，即可将路径隐藏，再次单击则可重新显示路径。

重命名：选择需要更名的路径，双击路径即可输入新的名称。

保存路径：如果没有在"路径"控制面板中创建新路径，则绘制的路径会自动存放在"工作路径"中。双击"工作路径"，将打开"存储路径"对话框，在"名称"文本框中输入路径名称、然后单击"确定"按钮，即可将工作路径以输入的路径名保存。

删除路径：在"路径"面板中选择要删除的路径，然后单击控制面板底部删除路径按钮，即可将当前路径删除。

随堂练习	合成怪异照片

素材：第6节/合成怪异照片　　　　　　　　重点指数：★★★

① 打开素材图像如图6-20所示，选择工具箱中的仿制图章工具，将图像中的金鱼涂抹掉，如图6-21所示。

图6-20

效果图

② 选择工具箱中的钢笔工具，在其工具选项栏中单击路径按钮，在图像中绘制路径如图6-22所示；按快捷键Ctrl+Enter将路径转换为选区，如图6-23所示。

图6-21

图6-22

图6-23

选择钢笔工具时按住Ctrl键可以切换至直接选择工具 ，单击可以选中锚点（当锚点变为黑色的小方块即表示为选中状态），可以调整锚点的位置；按住Alt键可以切换至转换点工具 ，可以将尖角锚点变为圆角锚点并调整控制手柄的角度。

③ 将选区中的图像拖曳至主文档中，如图6-24所示调整图像大小；执行"滤镜 > 模糊 > 高斯模糊"命令，打开"高斯模糊"对话框，如图6-25所示设置参数；单击"确定"按钮得到的图像效果如图6-26所示。

图6-24　　　　　　　　　　图6-25　　　　　　　　　　图6-26

④ 打开素材图像，用同样的方法在图像周围绘制路径，并将路径转换为选区，如图6-27所示；将选区中的图像拖曳至主文档中，调整图像大小与位置，如图6-28所示。

图6-27　　　　　　　　　　　　　　　　　　图6-28

⑤ 选择工具箱中的椭圆选框工具，如图6-29所示在图像中绘制选区；执行"图像 > 调整 > 色相/饱和度"命令，打开"色相/饱和度"对话框，如图6-30所示调整参数；单击"确定"按钮，得到图效果如图6-31所示。

 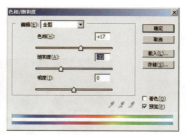 

图6-29　　　　　　　　　　图6-30　　　　　　　　　　图6-31

由于金鱼的颜色映射在水面上是红色，所以当鱼缸中的物体改变时，环境色也应当相应的改变。

综合练习　制作宣传单页

素材：第6节/制作宣传单页　　　　　　　　　　　重点指数：★★★★★

① 更改路径名称：打开素材图像如图6-32所示，选择工具箱中的钢笔工具在图像中绘制路径如图6-33所示，切换至"路径"面板，将路径更名为"路径1"。

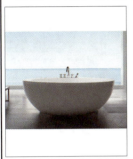

图6-32　　　　　　　　　　　　图6-33　　　　　　　　　　　　效果图

② 路径转换为选区：单击"路径"面板中的将路径作为选区载入按钮○，或按快捷键Ctrl+Enter，也可以按住Ctrl键单击"路径1"缩览图，将路径转换为选区，如图6-34所示；切换回"图层"面板，新建"图层1"将选区填充为白色，按快捷键Ctrl+D取消选择，如图6-35所示；切换至"路径"面板，单击面板中的创建新路径按钮，新建"路径2"，在图像中绘制路径如图6-36所示。

图6-34　　　　　　　　　　　　图6-35　　　　　　　　　　　　图6-36

③ 填充路径/描边路径：在"图层"面板中新建"图层2"，设置前景色颜色为R:208、G:234、B:251，在"路径"面板中单击前景色填充路径按钮，得到的图像效果如图6-37所示；在"路径"面板中新建"路径3"，在图像中绘制路径如图6-38所示；选择工具箱中的画笔工具设置笔刷大小为7像素，硬度为100%画笔，在"图层"面板中新建"图层3"，在"路径"面板中单击用画笔描边按钮○，得到的图像效果如图6-39所示。

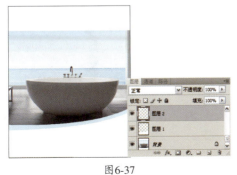

图6-37　　　　　　　　　　　　图6-38　　　　　　　　　　　　图6-39

④ 从路径中减去 ：打开需要的素材图像，如图6-40所示；选择工具箱中的钢笔工具在图像人物周围绘制路径如图6-41所示；在其工具选项栏中单击从路径中减去按钮，在图像中继续绘制路径如图6-42所示；按快捷键Ctrl+Enter将路径作为选区载入，如图6-43所示。

图6-40

图6-41

图6-42

图6-43

⑤ 选择工具箱中的移动工具，将其拖曳至之前编辑的文档中得到"图层4"，图像效果如图6-44所示；打开另外一张素材图像如图6-45所示，在图像中绘制路径如图6-46所示；将路径转换为选区并拖至之前编辑文档中得到"图层5"，图像效果如图6-47所示。

图6-44

图6-45

图6-46

图6-47

⑥ 调整光线：选择"图层4"，按住Ctrl键调出其选区如图6-48所示；选择工具箱中的矩形选框工具，按方向键向左←三次，按快捷键Shift+F6打开"羽化选区"对话框设置羽化为3像素，得到的图像效果如图6-49所示；执行"图像＞调整＞曲线"命令，打开"曲线"对话框，如图6-50所示调整曲线，单击"确定"按钮得到的图像效果如图6-51所示。

图6-48

图6-49

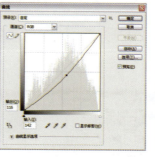
图6-50

图6-51

⑦ 按快捷键Ctrl+Shift+I反向选区，按快捷键Ctrl+M打开"曲线"对话框，向上调整曲线如图6-52所示；取消选择，得到的图像效果如图6-53所示；按快捷键Ctrl+0恢复视图大小，图像效果如图6-54所示；选择工具箱中的横排文字工具，在图像中添加文字效果如图6-55所示。

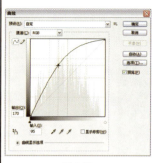   

图6-52　　　　　　　　　图6-53　　　　　　　　　图6-54　　　　　　　　　图6-55

⑧ 形状图层按钮□：选择工具箱中的钢笔工具，在其工具选项栏中单击形状图层按钮□，设置前景色色值为R:51、G:102、B:153，在图像中绘制形状如图6-56所示，"图层"面板中生成"形状1"图层；复制"形状1"图层，得到"形状1副本"图层，按快捷键Ctrl+T调出自由变换框，按住Shift键调整图像角度与位置，得到的图像效果如图6-57所示；添加文字效果如图6-58所示。

图6-56　　　　　　　　　　　　図6-57　　　　　　　　　图6-58

⑨ 填充像素按钮□：新建"图层6"，将前景色设置为黑色，选择工具箱中的矩形工具□，在其工具选项栏中单击填充像素按钮□，在图像中绘制直线如图6-59所示；恢复视图大小，得到的图像效果如图6-60所示。

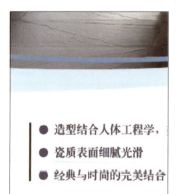 

图6-59　　　　　　　　　图6-60

随堂练习　为图像添加装饰点缀效果

素材：第6节/为图像添加装饰点缀效果　　　　　　　重点指数：★★

① 打开素材图像如图6-61所示，新建"图层1"；选择工具箱中的自定义形状工具，在其工具选项栏中单击路径按钮，并选择"心形"形状，在图像中绘制，执行"窗口＞路径"命令，打开"路径"面板，如图6-62所示。

图6-61　　　　　　　　　　　　　　　图6-62

② 将前景色设置为白色，选择工具箱中的画笔工具，按快捷键F5打开"画笔"面板，在"画笔"面板中单击"画笔笔尖形状"，如图6-63所示设置画笔笔尖形状；单击"形状动态"如图6-64所示设置参数；在"路径"面板中单击用画笔描边路径，图像效果和"路径"面板如图6-65所示。

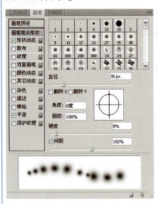 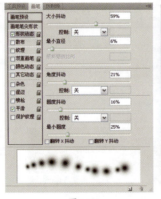 

图6-63　　　　　　　　　图6-64　　　　　　　　　图6-65

③ 回到"图层"面板，新建"图层2"，使用自定义形状工具绘制一个比较小的心形，绘制完毕后，按快捷键Ctrl+T调出自由变换框，旋转图像如图6-66所示；在"画笔"面板中缩小笔刷大小，用同样的方法为该形状描边，得到的图像如图6-67所示。

④ 打开"路径"面板，按住Ctrl键单击"工作路径"缩览图，调出其选区，如图6-68所示；返回"图层"面板，单击"图层"面板上的创建新的填充或调整图层按钮 ⊘，在弹出的下拉菜单中选择"曲线"选项，如图6-69所示调整曲线，得到的图像效果如图6-70所示；选择曲线调整图层的蒙版，执行"滤镜 > 模糊 > 高斯模糊"命令，设置模糊半径为40，单击"确定"按钮，得到的图像效果如图6-71所示。

图6-66   图6-67   图6-68

图6-69   图6-70   图6-71

⑤ 选择"图层1"将其图层混合模式设置为"叠加"，并复制一层如图6-72所示；选择"图层2"将其图层混合模式设置为"叠加"；添加文字装饰效果如图6-73所示。

图6-72   图6-73

综合练习　制作动感发光线

素材：第6节/制作动感发光线　　　　　　　　重点指数：★★★★

① 打开素材图像如图6-74所示，选择工具箱中的钢笔工具在图像中绘制路径如图6-75所示，切换至"路径"面板，将路径更名为"路径1"。

图6-74

图6-75

效果图

② 选择工具箱中的画笔工具 ✐，设置笔刷大小为4像素的柔角笔刷（根据图像质量设置笔刷大小）；如图6-76所示设置颜色色值，新建"图层1"；切换至钢笔工具 ♦ 单击鼠标右键，在弹出的菜单中选择"描边路径"选项，如图6-77所示设置参数；单击"确定"按钮，得到的图像效果如图6-78所示。

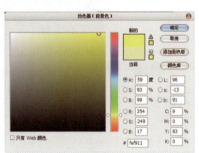
图6-76

图6-77

图6-78

③ 单击"图层"面板上的添加图层样式按钮 fx.，如图6-79所示设置"外发光"参数，单击"确定"按钮，使用橡皮擦工具擦除部分光线，制作遮挡效果，得到的图像效果如图6-80所示；用同样的方法添加其他发光线，得到的图像效果如图6-81所示。

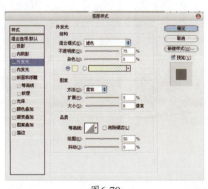
图6-79

图6-80

图6-81

Lesson 07
图像的色彩调整

学习任务

掌握基本的图像色调和色彩调整

修复图像色调问题

将黑白图像调整为彩色图像

能独立进行有关的创意设计制作

7.1 | Photoshop中的色彩调整功能

Photoshop 中对图像色彩和色调的控制是图像编辑的关键，它直接关系到图像最后的效果，只有有效地控制图像的色彩和色调，才能制作出高品质的图像。Photoshop 提供了更为完善的色彩和色调的调整功能，这些功能主要存放在"图像"菜单的"调整"子菜单中，使用它们可以快捷方便地控制图像的颜色和色调。

7.2 | 认识色彩

在图像处理中，色彩设计和运用是非常重要的一个组成部分，认识、了解和掌握色彩的运用是从事平面设计工作者必须具备的基础知识。

1.色彩的形成

物体表面色彩的形成取决于3个方面：光源的照射、物体本身反射一定的色光、环境与空间对物体色彩的影响。

光源色：由各种光源发出的光，光波的长短、强弱、比例性质的不同形成了不同的色光，成为光源色。

物体色：物体色本身不发光，它是光源色经过物体的吸收反射，反射的视觉中的光色感觉，我们把这些本身不发光的色彩统称为物体色。

环境色：物体表面受到光照后，除吸收一定的光外，也能反射到周围物体上。尤其是光滑的材质具有强烈的反射作用。

2.色彩的构成

色彩构成是指将两个以上的色彩要素按照一定的规则进行组合和搭配，从而形成新的色彩关系。色彩构成的目的是为了搭配新的色彩关系形成美的色彩感，色彩构成的主要工作就是如何通过色彩搭配成适合作品本身的色彩。

彩色和无彩色：色彩分彩色和无彩色两大类，无彩色指黑、灰、白3种颜色。无彩色只有明度没有纯度，在计算机中把无彩色称为灰度如图7-1所示。彩色是指包括红、橙、黄、绿、蓝、紫的既有明度又有色相和纯度的色彩，如图7-2所示。

图7-1   图7-2

色彩的三原色：色彩的三原色即是光的三原色，也就是指我们平常说的RGB颜色（R为红色、G为绿色、B为蓝色）。当这些颜色以它们各自波长或各种波长的混合形式出现时，眼睛就能看到这些颜色，除此之外还能看见它们的混合色。

色彩的三要素：色彩三要素是指色彩的明度、色相和纯度。

明度是指颜色的明暗程度，明度越高色彩越鲜亮，通常使用从0%（黑色）至100%（白色）的百分比来度量。往图像中添加白色越多，图像就明度就越高；如果色彩中添加黑色越多，明度就越低，如图7-3、图7-4和图7-5所示分别为原图、在图像中添加白色和在图像中添加黑色的效果。

图7-3

图7-4

图7-5

色相，顾名思义即各类色彩的相貌称谓，如大红、普蓝、柠檬黄等。色相是色彩的首要特征，是区别各种不同色彩的最准确的标准。事实上任何黑白灰以外的颜色都有色相的属性如图7-6所示。

纯度是指某一色彩的饱和程度，主要指彩色强度的浓度。饱和度取决于该色中含色成分和消色成分(灰色)的比例。消色成分越小，饱和度越高；消色成分越大，饱和度越低。图7-7和图7-8所示分别为降低饱和度和增高饱和度的图像效果。

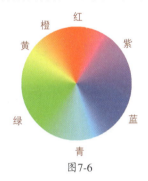

图7-6

图7-7

图7-8

小提示：

各种色彩都有不同的情感，了解色彩对人心理的作用有助于在设计中更好地明确色彩需求。

红色：是火的颜色，是激愤、强有力的色彩，具有刺激效果，能使人产生热烈、冲动、紧张、热情、活力、吉祥、幸福的感觉。

橙色：是暖色系中最温暖的色彩，具有活泼、轻快、富足、快乐、热烈、温馨、华丽、时尚的效果。橙色与蓝色的搭配，可产生最欢快的效果。

黄色：是亮度最高的色，具有灿烂、辉煌、快乐、希望、智慧、财富的象征。

绿色：是大自然草木的颜色，意味着纯自然和生长，具有和平、宁静、健康、安全、年轻、清秀的感觉。

蓝色：它是博大的色彩，如蓝色的天空、大海。具有永恒、凉爽、清新、平静、理智、纯净的色彩。它与白色搭配，能体现柔顺，淡雅的气氛。

紫色：具有恐怖、神秘、柔和、柔美、动人、高贵的感觉。

黑色：具有深沉、神秘、寂静、悲哀、压抑、崇高、坚实、严肃的感觉。

白色：具有纯洁、明快、洁白、纯真、朴素、神圣、单调的感受。

灰色：具有中庸、平凡、随意、宽容、苍老、温和、沉默、寂寞、忧郁、消极、谦让、中立和高雅的感觉。

7.3 图像的明暗调整

在拍摄照片过程中，由于外界因素的影响常常会有拍摄效果不理想的情况，例如：曝光过度、曝光不足、图像缺乏中间调和图像发灰等。这就需要我们应用图像的明暗调整命令对图像进行处理，使其达到满意效果。

明暗调整命令主要用于调整过亮或过暗的图像。在应用调整时主要影响图像的亮度和对比度，对色彩影响效果不明显。

7.3.1 "亮度/对比度"命令

"亮度/对比度"命令可以对图像进行明暗色调的调整。打开一张素材图像，执行"图像>调整>亮度/对比度"命令，可以打开"亮度/对比度"对话框，如图7-9所示。该命令操作比较简单可以直接输入参数值或调整滑块即可调整图像，适合初学者使用。

图7-9

随堂练习 "亮度/对比度"调整图像

素材：第7节/"亮度/对比度"调整图像　　　　重点指数：★★★

打开素材图像如图7-10所示，执行"图像>调整>亮度/对比度"命令，打开"亮度/对比度"对话框，调整图像亮度和对比度，如图7-11所示设置参数；单击"确定"按钮，得到的图像效果如图7-12所示。

图7-10

图7-11

图7-12

7.3.2 "色阶"命令

"色阶"命令常用来较精确地调整图像的中间调和对比度，是照片处理使用最频繁的命令之一。执行"图像>调整>色阶"命令或按快捷键Ctrl+L，可以打开如图7-13所示的"色阶"对话框。

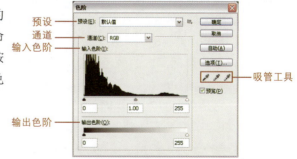

图7-13

预设：在"预设"下拉列表中Photoshop自带了几个调整预设，可以直接选择该选项对图像进行调整。单击"预设"右侧的按钮，弹出包含存储、载入和删除当前预设选项的下拉列表，可以自定预设选项并进行编辑。

通道：在其下拉列表下显示图像包含的通道，由于图像的格式不同所包含的通道也不相同，例如：RGB颜色模式的图像包含3个通道，CMYK颜色模式包含4个通道如图7-14和图7-15所示。

可以分别对每个颜色通道进行调整，也可以同时编辑2个单色颜色通道，可以在通道中按住Shift键同时选中两个通道，再选择该命令。

图7-14　　　　　　　图7-15

输入色阶/输出色阶：通过调整输入色阶和输出色阶下方相对应的滑块可以调整图像的亮度和对比度。

吸管工具：包括设置黑场 、设置灰场 和设置白场 吸管工具。

选择设置黑场吸管工具在图像中单击，所单击的点定为图像中最暗的区域，也就是黑色，比该点暗的区域都变为黑色，比该点亮的区域相应地变暗；选择设置灰场工具在图像中单击，可将图像中的单击选取位置的颜色定义为图像中的偏色，从而使图像的色调重新分布，可以用作处理图像偏色；选择白场工具在图像中单击，所单击的点定为图像中最亮的区域，也就是白色，比该点亮的区域都变为白色，比该点暗的区域相应地变亮。

图7-16所示为原图，打开"色阶"对话框，选择设置黑场工具 在图像中单击如图7-17所示；选择设置灰场工具 在图像中单击如图7-18所示；选择设置白场工具 在图像中单击如图7-19所示。

图7-16　　　　　图7-17　　　　　图7-18　　　　　图7-19

综合练习　使用色阶调整照片

素材：第7节/使用色阶调整照片　　　　　重点指数：★★★★

① 增加图像亮度：打开素材图像如图7-20所示，复制"背景"图层，得到"背景副本"图层；执行"图像>调整>色阶"命令，打开"色阶"对话框，如图7-21所示设置参数。

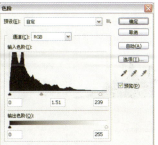

图7-20　　　　　图7-21　　　　　效果图

小提示：

向左调整滑块可增加图像亮度，反之为降低图像亮度。

② 设置完毕后单击"确定"按钮，得到的图像效果如图7-22所示；选择工具箱中的套索工具 ◯，在其工具选项栏中设置羽化为100在图像中人物面部阴影区域绘制选区，如图7-23所示；按快捷键Ctrl+L打开"色阶"对话框，设置参数如图7-24所示；单击"确定"按钮，得到的图像效果如图7-25所示；按快捷键Ctrl+D取消选择。

图7-22

图7-23

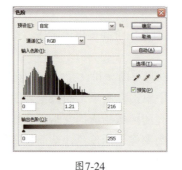

图7-24

图7-25

③ 复制"背景副本"图层，得到"背景副本2"图层，选择工具箱中的加深工具 ◉ 加深人物眼睛，执行"滤镜 > 杂色 > 去斑"命令，按快捷键Ctrl+F重复执行该命令数次，得到的图像效果如图7-26所示；执行"滤镜 > 锐化 > USM锐化"命令，打开"USM"锐化对话框，如图7-27所示设置参数，得到的图像效果如图7-28所示；选择工具箱中的修补工具，修补人物面部瑕疵，得到的图像效果如图7-29所示。

图7-26

图7-27

图7-28

图7-29

④ 按快捷键Ctrl+J复制图像，得到"背景副本3"图层；按快捷键Ctrl+L打开"色阶"对话框，设置参数如图7-30所示，得到的图像效果如图7-31所示。

小提示：

将左右两个滑块向中心调，可以增强图像的对比度。

图7-30

图7-31

7.3.3 "曲线"命令

"曲线"命令是一个用途非常广泛的色调调整命令，利用它可以综合调整图像的亮度、对比度和色彩等。"曲线"命令与"色阶"命令的调整方法相同，但是曲线比色阶更加强大，使用"曲线"可以调整图像的整个色调范围内的任意一点（从阴影到高光）。执行"图像>调整>曲线"命令，或按快捷键Ctrl+M，可以打开"曲线"对话框，如图7-32所示。

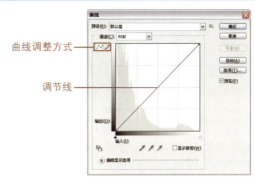

曲线调整方式 ——

调节线 ——

图7-32

曲线调整方式：包含编辑点以修改曲线和通过绘制来修改曲线两个选项按钮，默认的为编辑点以修改曲线，可以曲线上单击创建点，并调整点的位置即可调整图像的色调。图7-33为原图，如图7-34所示调整曲线，得到的图像效果如图7-35所示。

图7-33

图7-34

图7-35

调节线：在调节线上最多可添加16个点对图像进行调整。如果要删除调节点，选中需要删除的点向对话框外拖动鼠标即可删除调节点。

小提示：

执行"窗口>直方图"命令，可以打开"直方图"面板，如图7-36所示，"色阶"和"曲线"对话框中也可以观察到直方图，如图7-37和图7-38所示，3个直方图的效果表示的同一张图像，直方图从左至右依次为暗部区域、中间调区域和高光区域，通过观察发现该图像暗部区域像素过度，亮部不足；可以使用"色阶"和"曲线"命令，增加亮部区域的像素，即提亮图像，可以使图像效果更加完美。

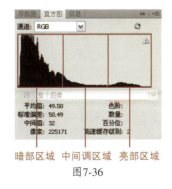

暗部区域 中间调区域 亮部区域

图7-36

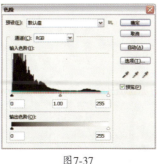

图7-37

图7-38

直方图是由256条黑色垂直线组成的，黑色线条越高证明该图像中该区域的像素越多，以此可以观察图像的像素分布情况，对图像作出判断，并调整图像。

随堂练习　曲线的几种形态

素材：第7节/曲线的几种形态　　　　　　　重点指数：★★★

　　"曲线"可以呈现出多种形态，在这里以RGB颜色模式下列举几种曲线形态，了解曲线的形态对图像的影响。打开素材图像如图7-39所示，打开曲线对话框，向上调整曲线如图7-40所示，得到的图像效果如图7-41所示。通过图像效果可以发现，在RGB颜色模式下，向上调整可以增加图像的明亮度，可以调整曝光不足或过暗的照片。

图7-39

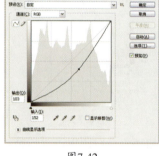

图7-40

图7-41

　　按住Alt键"取消"按钮自动切换为"复位"按钮，将图像复位，并向下调整曲线如图7-42所示，图像效果如图7-43所示。通过图像效果可以发现，在RGB颜色模式下，向下调整可以使图像变暗，可以调整曝光过度或过亮的照片。

图7-42

图7-43

　　复位图像，如图7-44所示调整曲线，得到的图像效果如图7-45所示。通过图像效果可以发现，在RGB颜色模式下"S"型曲线可以使图像增强对比度，可以调整灰暗图像或对比度太弱的图像。

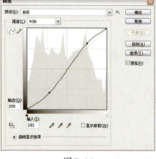

图7-44

图7-45

　　反"S"型曲线可以降低图像的对比度，如图7-46和图7-47所示。

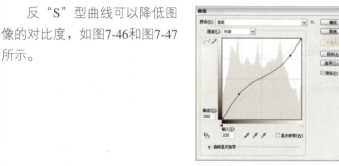

图7-46

图7-47

7.3.4 "曝光度"命令

　　"曝光度"命令的原理是模拟数码相机内部的曝光程序对图片进行二次曝光处理，一般用于调整相机拍摄的曝光不足或曝光过度的照片，对话框如图7-48所示。

　　曝光度：拖动其下方的滑块或输入相应数值可以调整图像的曝光度。正值增加图像曝光度，负值降低图像曝光度。

　　位移：拖动其下方的滑块或输入相应数值可以调整曝光范围。

　　灰度系数校正：拖动其下方的滑块或直接输入相应数值可以调整图像的灰度。

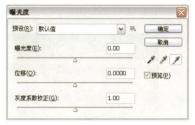

图7-48

7.3.5 "阴影/高光"命令

　　"阴影/高光"命令可以修复图像中过亮或过暗的区域，从而使图像尽量显示更多的细节，对话框如图7-49所示。

　　阴影：拖动其数量下方的滑块或输入相应数值可以调整图像的阴影区域。

　　高光：拖动其数量下方的滑块或输入相应数值可以调整图像的高光区域。

图7-49

7.4 图像的色彩调整

　　常用的图像的色彩调整命令包括"色彩平衡"、"色相/饱和度"和"通道混和器"等，被广泛地应用在对数码照片的调整上。

7.4.1 "自然饱和度"命令

　　"自然饱和度"是Photoshop新增的色彩调整命令。在使用"自然饱和度"调整图像时，会自动保护图像中已饱和的部位，只对其做小部分的调整，而着重调整不饱和的部位，这样会使图像整体的饱和度趋于正常。

　　执行"图像＞调整＞自然饱和度"命令，可以打开"自然饱和度"对话框，如图7-50所示。

图7-50

　　图7-51所示为原图，向右调整自然饱和度滑块可以增强图像的饱和度，如图7-52所示；向左调整滑块可以降低图像的饱和度，如图7-53所示。

图7-51

图7-52

图7-53

小提示：

　　"自然饱和度"选项对图像色彩影响不明显，该选项主要针对图像中饱和度过低的区域增强饱和度；"饱和度"选项对图像色彩的饱和度起主要作用。当饱和度为100，自然饱和度为-100时图像为低饱和度的效果如图7-54所示；当饱和度参数为-100，自然饱和度参数为100时，图像为黑白图像，如图7-55所示。

图7-54　　　　　　　　　　　　　　　　　　　图7-55

7.4.2 "色相/饱和度"命令

　　"色相/饱和度"命令不仅可以调整整个图像中颜色的色相、饱和度和亮度，它还可以针对图像中某一种色彩进行调整。打开素材图像，执行"图像>调整>色相/饱和度"命令或按快捷键Ctrl+U，打开"色相/饱和度"对话框，如图7-56所示。

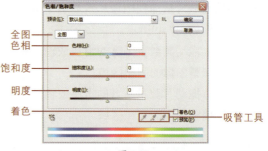

图7-56

　　全图：选择全图时色彩调整针对整个图像的色彩。也可以为要调整的颜色选取一个预设颜色范围。

　　色相：调整图像的色彩倾向。拖动滑块或直接在对应的文本框中输入对应数值进行调整。

　　饱和度：调整图像中像素的颜色饱和度，当数值越高颜色越浓，反之则颜色越淡。

　　明度：调整图像中像素的明暗程度，数值越高图像越亮，反之则图像越暗。

　　着色：被勾选时，可以消除图像中的黑白或彩色元素，从而转变为单色调。

　　吸管工具：在图像中单击或拖动以选择颜色范围（不作用于"全图"选项）。要扩大颜色范围，选择"添加到取样"吸管工具在图像中单击或拖移。要缩小颜色范围，选择"从取样中减去"吸管工具在图像中单击或拖移。在吸管工具处于选定状态时，可以按Shift键来添加选区范围，或按Alt键从范围中减去。

综合练习	制作局部留色艺术效果

素材：第7节/制作局部留色艺术效果　　　　　　　　　　**重点指数：★★★★**

　　① 打开素材图像如图7-57所示，选择工具箱中的钢笔工具 ✎，在其工具选项栏中单击路径按钮 ▦，在图像中绘制路径，如图7-58所示。

图7-57　　　　　　　　图7-58

② 向左调整饱和度滑块降低饱和度：按快捷键Ctrl+Enter将路径作为选区载入，按快捷键Ctrl+Shift+I将选区反向，图像效果如图7-59所示；复制"背景"图层，得到"背景图层"，执行"图像＞调整＞色相/饱和度"命令，打开"色相/饱和度"对话框，如图7-60所示设置参数；单击"确定"按钮，得到的图像效果如图7-61所示。

图7-59

图7-60

图7-61

③ 更改图像色相并增强饱和度：按快捷键Ctrl+Shift+I将选区反向；按快捷键Ctrl+U打开"色相/饱和度"对话框，如图7-62所示设置参数；单击"确定"按钮，按快捷键Ctrl+D取消选择，得到的图像效果如图7-63所示。

图7-62

图7-63

7.4.3 "色彩平衡"命令

在创作中，输入的图像经常会出现色偏，这时就需校正色彩，"色彩平衡"就是Photoshop 中进行色彩校正的一个重要工具，它可以改变图像中的颜色组成。使用"色彩平衡"命令可以更改图像的暗调、中间调和高光的总体颜色混合，它是靠调整某一个区域中互补色的多少来调整图像颜色,使图像的整体色彩趋向所需色调。

执行"图像＞调整＞色彩平衡"命令或按快捷键Ctrl+B，可以打开"色彩平衡"对话框，如图7-64所示。

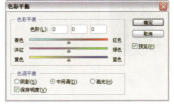
图7-64

随堂练习 调整偏色照片

素材：第7节/调整偏色照片　　　重点指数：★★★★

打开素材图像如图7-65所示，按快捷键Ctrl+B打开"色彩平衡"对话框，如图7-66和如图7-67所示设置参数，单击"确定"按钮，得到的图像效果如图7-68所示。

图7-66

图7-65　　　　　　　　　　图7-67　　　　　　　　　　图7-68

7.4.4　"黑白"与"去色"命令

　　黑白色的照片往往能表现出怀旧的效果。通过调整命令中的"黑白"和"去色"命令都可以对图像去色，不同的是"黑白"命令可以通过"黑白"对话框对图像中的黑白亮度进行调整，并设置出单色调的图像效果；而"去色"命令只能将图像中的色彩直接去掉使图像保留原来的亮度值。

　　打开一张素材图像如图7-69所示，执行"图像＞调整＞黑白"命令，打开"黑白"对话框，如图7-70所示设置参数，单击"确定"按钮，得到的图像效果如图7-71所示；执行"图像＞调整＞去色"命令或按快捷键Ctrl+Shift+U，为图像去色效果如图7-72所示。

图7-69　　　　　　　图7-70　　　　　　　　　图7-71　　　　　　　　　图7-72

7.4.5　"照片滤镜"命令

　　"照片滤镜"命令可以在图像设置颜色滤镜。执行"图像＞调整＞照片滤镜"命令，打开"照片滤镜"对话框，如图7-73所示。在该对话框中可以选择自定义的滤镜颜色应用在图像调整上。

图7-73

7.4.6 "通道混和器"命令

"通道混和器"命令是混合当前颜色通道来改变某些颜色通道的颜色。使用该命令可以使用户进行富有创意的颜色调整，得到其他颜色调整方法做不到的效果；可以得到从每一种颜色通道选择一定比例创造出来的高质量的灰度图像；也可以创造出高品质的棕色调或其他色调的图像；

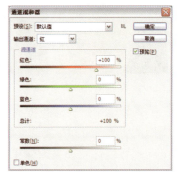

也可以将图像转换为替代色彩空间，或从该色彩空间转换图像；还可以交换或复制通道。

执行"图像＞调整＞通道混和器"命令，可以打开"通道混和器"对话框，如图7-74所示。

输出通道：可选择需要调整的颜色通道。

源通道：可用来调整输出通道中源通道所占的百分比。

常数：可用来调整输出通道的灰度值。设置的常数为正值，会增加更多的白色；常数数值为负数，则会增加更多的黑色。

单色：勾选该复选框，可将彩色图像转换为黑白图像。

图7-74

7.4.7 "变化"命令

"变化"命令通过显示调整效果的缩览图，可以使用户很直观、简单地调整图像的色彩平衡、饱和度和对比度。其功能就相当于"色彩平衡"命令再增加"色相/饱和度"命令的功能。但是，它可以更精确、更方便地调节图像颜色。该命令主要应用于不需要精确色彩调整的平均色调图像，但它不能应用于索引颜色图像。

执行"图像＞调整＞变化"命令，打开"变化"对话框，如图7-75所示。单击相应颜色的预览图标，颜色就会增加一个等级。在对话框中使用"精细/粗糙"选项滑块可以调整颜色浓度，向"精细"拖动则颜色越细腻，向"粗糙"拖到则颜色越强烈。

图7-75

7.4.8 "匹配颜色"命令

利用"匹配颜色"命令可以同时将两个图像更改为相同的色调，即可将一个图像（源图像）的颜色与另一个图像（目标图像）相匹配。如果希望不同照片中的颜色看上去一致，或者当一个图像中特定元素的颜色（如肤色）必须与另一个图像中某个元素的颜色相匹配时，该命令非常有用。下面通过练习来了解"匹配颜色"命令。

随堂练习 匹配图像色彩

素材：第7节/匹配图像色彩　　　　　　　　　　重点指数：★★

打开素材图像如图7-76和图7-77所示，执行"图像＞调整＞匹配颜色"命令，弹出"匹配颜色"对话框，如图7-78所示设置源和图像选项参数，单击"确定"按钮，得到的图像效果如图7-79所示。

图7-76   图7-77   图7-78   图7-79

图像选项：在需要将不同图像统一为类似色调时，可以任意调整图像的亮度、颜色强度、渐隐。勾选"中和"复选框后，颜色会变成作为要更改图像的基准图像色调的中间颜色。

图像统计：如果图像中有两个以上图层，在"源"选项中选择作为要更改的基准图像文件，在"图层"选项中选择要更改的基准图层。

7.4.9 "替换颜色"命令

"替换颜色"命令可以替换图像中某区域的色彩，通过"替换颜色"中的吸管工具在图像中吸收要替换的颜色，拖动色相、饱和度、亮度选项的滑块调整颜色的替换。调整对话框中的颜色容差值可以扩大或缩小要改变的颜色部分。

如图7-80所示为原图，执行"图像>调整>替换颜色"命令，弹出"替换颜色"对话框，如图7-81所示设置参数，单击"确定"按钮，得到的图像效果如图7-82所示。

图7-80

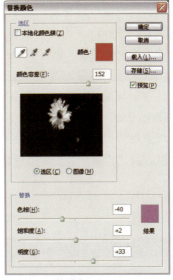

小提示：

可以使用该命令更改衣服或者其他图像的局部颜色，需要注意的是更改的颜色需要是同类色系，不能相差太大，否则容易失真。

图7-82   图7-81

7.4.10 "色调均化"命令

"色调均化"命令可以在图像过暗或过亮时，通过平均值调整图像的整体亮度。图7-83和图7-84所示为原图和执行该命令后的效果图。

图7-83   图7-84

7.5 | 图像的特殊调整命令

使用调整命令不仅可以对图像的明暗和色彩进行调整，还可以对图像进行一些创造性的调整。

7.5.1 | "反相" 命令

通过"反相"命令可翻转构成图像像素的亮度，常用来制作一些反转效果的图像。"反相"命令的最大特点就是将所有的颜色都以它的相反颜色显示，如将黄色转变为蓝色、红色变为青色。图7-85为原图，按快捷键Ctrl+I可以将图像反相，图像效果如图7-86所示。

图7-85　　　　　　　　图7-86

7.5.2 | "色调分离" 命令

"色调分离"命令，可以指定图像中的亮度值或颜色级别，在指定的图像中得到一种特殊的效果。打开一张素材图像如图7-87所示，执行"图像＞调整＞色调分离"命令，打开"色调分离"对话框，在对话框中可以输入参数或调整滑块设置色阶如图7-88所示，得到的图像效果如图7-89所示。色阶参数值越大图像色调分离的效果越不明显。

图7-87　　　　　　　　图7-88　　　　　　　　图7-89

7.5.3 | "阈值" 命令

"阈值"命令，可以将彩色图像或灰度图像转换为高对比度的黑白图像。当指定某个色阶作为阈值时，所有比阈值暗的像素都将转换为黑色，而所有比阈值亮的像素都将转换为白色。

打开一张素材图像如图7-90所示，复制"背景"图层，得到"背景副本"图层；执行"图像＞调整＞阈值"命令，打开"阈值"对话框，默认参数是128，如图7-91所示，图像效果如图7-92所示，单击"确定"按钮，将其图层混合模式设置为"柔光"可以得到一种类似淡彩的效果如图7-93所示。

图7-90

图7-91　　　　　　　　图7-92　　　　　　　　图7-93

7.5.4 "渐变映射" 命令

"渐变映射"命令可以使用渐变颜色对图像进行叠加，从而改变图像色彩。执行"图像＞调整＞渐变映射"命令，可以打开"渐变映射"对话框，在该对话框中可以打开"渐变编辑器"对话框设置渐变映射的颜色。下面通过一个练习了解"渐变映射"命令。

随堂练习　渐变映射调整图像

素材：第7节/渐变映射调整图像　　　　　　　　重点指数：★★★

打开素材图像如图7-94所示，执行"图像＞调整＞渐变映射"命令，打开"渐变映射"对话框，如图7-95所示选择渐变颜色，单击"确定"按钮，得到的图像效果如图7-96所示；执行"编辑＞渐隐渐变映射"命令，打开"渐隐"对话框，设置不透明度为50%，单击"确定"按钮得到的图像效果如图7-97所示。

图7-94

图7-95

图7-96

图7-97

7.5.5 "可选颜色" 命令

"可选颜色"命令的作用是选择某种颜色范围进行有针对性的修改，在不影响其他原色的情况下修改图像中的某种彩色的数量，可以用来校正色彩不平衡问题和调整颜色。"可选颜色"命令可以有选择地对图像某一主色调成分增加或减少印刷颜色的含量，而不影响该印刷色在其他主色调中的表现，从而对颜色进行调整。

执行"图像＞调整＞可选颜色"命令，可以打开"可选颜色"对话框，如图7-98所示。

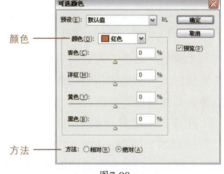
图7-98

颜色：用来设置图像中要改变的颜色，单击下拉列表按钮，在弹出的下拉列表中选择要改变的颜色。可以通过下方的青色、洋红、黄色、黑色的滑块对选择的颜色进行设置，设置的参数越小颜色就越淡，参数越大颜色就越浓。

方法：用来设置墨水的量，包括相对和绝对两个选项。相对是指按照调整后总量的百分比来更改现有的青色、洋红、黄色或黑色的量，该选项不能调整纯反白光，因为它不包含颜色成分。绝对是指采用绝对值调整颜色。

综合练习　制作老电影照片效果

素材：第7节/制作老电影照片效果　　　　　　重点指数：★★★★

① 色相/饱和度降低颜色纯度：打开素材图像如图7-99所示，复制"背景"图层，得到"背景副本"图层；按快捷键Ctrl+U打开"色相/饱和度"对话框，如图7-100所示设置参数，得到的图像效果如图7-101所示。

效果图

图7-99

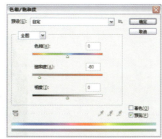

图7-100

图7-101

② 亮度/对比度调整图像明暗对比：执行"图像 > 调整 > 亮度/对比度"命令，打开"亮度/对比度"对话框，如图7-102所示设置参数，得到的图像效果如图7-103所示。

图7-102

图7-103

③ 曲线调整明暗关系：按快捷键Ctrl+M打开"曲线"对话框，如图7-104所示调整曲线，单击"确定"按钮，得到的图像效果如图7-105所示。

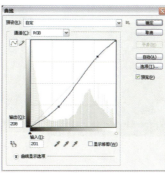

图7-104

图7-105

④ 色彩平衡为图像调色：按快捷键Ctrl+B打开"色彩平衡"对话框如图7-106所示设置参数，单击"确定"按钮，得到的图像效果如图7-107所示。

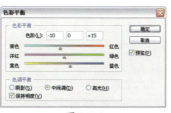

图7-106

图7-107

⑤ 执行"滤镜＞纹理＞颗粒"命令，打开"颗粒"对话框如图7-108所示设置参数，设置完毕后单击"确定"按钮，得到的图像效果如图7-109所示。

图7-108

图7-109

⑥ 复制"背景"图层，将复制完毕后的图层拖至图层顶端或按快捷键Ctrl+Shift+]，将其图层不透明度设置为20%，得到的图像效果如图7-110所示。

图7-110

综合练习　调出照片饱和度

素材：第7节/调出照片饱和度　　　　　　重点指数：★★★★

① 色相/饱和度增强颜色纯度：打开素材图像如图7-111所示，复制"背景"图层，得到"背景副本"图层；按快捷键Ctrl+U打开"色相/饱和度"对话框，如图7-112和图7-113所示分别选择"全图"和"红色"设置参数，得到的图像效果如图7-114所示。

图7-111

效果图

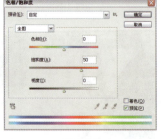

图7-112

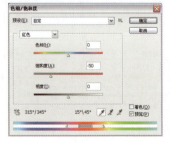

图7-113

图7-114

② 色阶调整明暗对比度；按快捷键Ctrl+L弹出"色阶"对话框，如图7-115所示设置参数，单击"确定"按钮，得到的图像效果如图7-116所示。

图7-115   图7-116

③ 曲线调整明暗色调关系：按快捷键Ctrl+M打开"曲线"对话框，如图7-117所示调整曲线，单击"确定"按钮，得到的图像效果如图7-118所示。

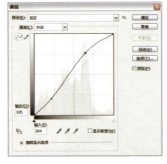

图7-117   图7-118

④ 可选颜色调整选定颜色：执行"图像 > 调整 > 可选颜色"命令，打开"可选颜色"对话框，选择红色如图7-119所示设置参数，选择"绿色"如图7-120所示设置参数，选择"青色"如图7-121所示设置参数，单击"确定"按钮，得到的图像效果如图7-122所示。

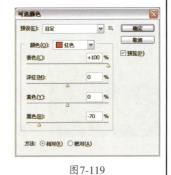

图7-119

图7-120   图7-121   图7-122

⑤ 色彩平衡为图像调色：按快捷键Ctrl+B打开"色彩平衡"对话框如图7-123所示设置参数，单击"确定"按钮，得到的图像效果如图7-124所示。

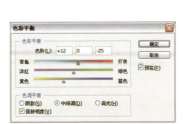

图7-123   图7-124

综合练习 匹配颜色合成全景照片

素材：第7节/匹配颜色合成全景照片　　　　　　　　重点指数：★★★

① 打开素材图像如图7-125和图7-126所示；在图7-125所示的文档中，执行"图像＞画布大小"命令，打开"画布大小"对话框，如图7-127所示设置参数，单击"确定"按钮，得到的图像效果如图7-128所示；将7-126所示的图像拖曳至主文档中，得到"图层1"，图像效果如图7-129所示。

效果图

图7-125

图7-126

图7-127

图7-128

图7-129

② 将"图层1"的图层不透明度设置为40%，调整图像位置如图7-130所示；将"图层1"的图层不透明度设置为100%，图像效果如图7-131所示；执行"图像＞调整＞匹配颜色"命令，打开"匹配颜色"对话框，如图7-132所示设置参数；单击"确定"按钮，裁剪图层，得到的图像效果如图7-133所示。

图7-130

图7-131

图7-132

图7-133

Lesson 08
图层

学习任务

熟练掌握图层的基本应用
掌握图层混合模式的设置与使用
掌握图层样式及填充和调整图层的使用方法

8.1 图层的基本应用

通过上一个案例可以初步了解图层的一些基本操作，下面详细讲解图层的一些基本应用。

1.认识图层

Photoshop 图层就如同堆叠在一起的透明纸。您可以透过图层的透明区域看到下面的图层。可以移动图层来定位图层上的内容，就像在堆栈中滑动透明纸一样。也可以更改图层的不透明度以使内容部分透明如图8-1所示。

图8-1

图8-2所示为"图层2"的图像内容；图8-3所示为"图层1"的图像内容，其中图层不透明度为30%；图8-4所示为"背景"图层内容。

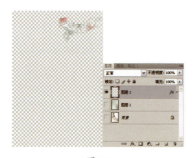

图8-2

图8-3

图8-4

2.图层的基本操作

通过"图层"面板可以实现图层的创建、复制、删除、排序、对齐、链接和合并等操作。

新建图层：单击"图层"面板上的创建新图层按钮，即可创建新图层，如图8-5所示。

图8-5

随堂练习　新建图层菜单命令

素材：无　　　　　　　　　　　　　　重点指数：★

新建图层：打开一张素材图像，执行"图层 > 新建 > 图层"命令或按快捷键Ctrl+Shift+N，打开"新建图层"对话框，如图8-6所示，在对话框中可以设置新建图层的名称、颜色、模式和不透明度等，如图8-7所示进行设置，单击"确定"按钮，"图层"面板如图8-8所示。

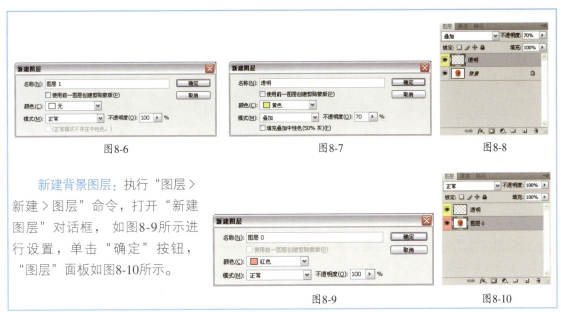

图8-6 图8-7 图8-8

　　新建背景图层：执行"图层 > 新建 > 图层"命令，打开"新建图层"对话框，如图8-9所示进行设置，单击"确定"按钮，"图层"面板如图8-10所示。

图8-9 图8-10

　　复制图层：将"图层0"拖动至"图层"面板上的创建新图层按钮 ，即可复制图层，如图8-11所示。

　　小提示：

　　执行"图层 > 新建 > 通过拷贝的图层"命令或按快捷键Ctrl+J也可以复制图层。

　　删除图层：将"图层0副本"图层，按住并拖动至删除图层按钮 上，即可将其删除，如图8-12所示。

　　调整图层排列的顺序：选择需要调整的图层，拖动图层至目标位置，即可调整图层的顺序，如图8-13所示。

　　选择图层：选择单个图层只需要单击该图层即可如图8-14所示，如果需要选择多个图层可以按住Ctrl键同时单击另外一个图层。

　　链接图层：选择多个图层后，单击"图层"面板上的链接图层按钮，即可链接图层，如图8-15所示，再次单击即可取消图层链接。

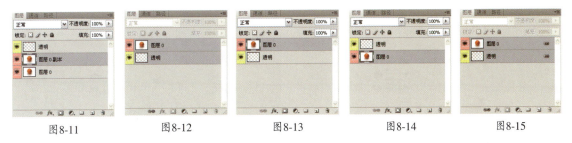

图8-11　　　　图8-12　　　　图8-13　　　　图8-14　　　　图8-15

　　合并图层：合并图层就是将两个或两个以上的图层合并到一个图层上，主要分为向下合并图层、合并可见图层和拼合图层。

　　向下合并图层是将当前图层与它下方的图层合并，可以执行"图层 > 向下合并"命令或按快捷键Ctrl+E合并图层；合并可见图层时将当前所有的可见图层合并为一个图层，执行"图层 > 合并可见图层"命令即可，如图8-16和图8-17所示；拼合图层就是将所有可见图层进行合并，隐藏的图层被丢弃，执行"图层 > 拼合图像"命令即可，如图8-18和图8-19所示。

图8-16

图8-17

图8-18

图8-19

小提示：

单击图层缩览图前的指示图层可见性按钮 👁 ，可以显示或隐藏图层。

图层不透明度和填充：在图层不透明度和填充文本框里设置参数即可设置图像的不透明度和填充。不透明度用于控制图层、图层组中绘制的像素和形状的不透明度，如果对图层应用了图层样式，则图层样式的不透明度也会受到该值的影响；填充只影响图层中绘制的像素和形状的不透明度，不会影响图层样式的不透明度。

小提示：

单击"图层"面板上的添加图层样式按钮 fx ，即可为图层添加例如投影、外发光、斜面和浮雕和描边等图层样式效果。

8.2 图层的混合模式

在使用Photoshop进行图像合成时，图层混合模式是使用最为频繁的技术之一，它通过控制当前图层和位于其下的图层之间的像素作用模式，从而使图像产生奇妙的效果。

Photoshop提供了23种图层混合模式，它们全部位于"图层"控制面板左上角的"正常"下拉列表中。

8.2.1 组合模式

"正常"模式："正常"模式是Photoshop中的默认模式。在此模式下编辑或者绘制的每个像素，都将是结果色。如图8-20所示图像，如果图层的不透明度设置为100%时，完全遮盖下方图层；反之，则随着图层不透明度的数值降低，下方图层将显得越来越清晰。图8-21为降低图层不透明度和填充后得到的图像效果。

图8-20   图8-21

"溶解"模式：如果上面图层中的图像具有柔和的半透明效果，选择该混合模式可生成像素点状效果如图8-22所示。

图8-22

随堂练习　制作溶解效果

素材：第8节/制作溶解效果　　　　　　　　　　　重点指数：★★★

① 打开素材图像如图8-23所示，复制"图层1"，得到"图层1副本"图层，将其图层不透明度设置为40%，图层混合模式设置为"溶解"，选择工具箱中的涂抹工具在图像中涂抹，得到的图像效果如图8-24所示。

图8-23　　　　　　　　　　　　　　　　　　　　　图8-24

② 选择工具箱中的横排文字工具，在图像中输入文字，如图8-25所示，复制文字图层并栅格化文字副本图层，将其图层不透明度设置为55%，图层混合模式设置为"溶解"，使用涂抹工具涂抹文字，得到的图像效果如图8-26所示。

图8-25　　　　　　　　　　　　　　　　　　　　　图8-26

8.2.2 | 加深模式

"变暗"模式：选择该模式后，上面图层中较暗的像素将代替下面图层中与之相对应的较亮像素，而下面图层中较暗的像素将代替上面图层中与之相对应的较亮的像素，从而使叠加后的图像区域变暗如图8-27所示。

图8-27

"正片叠底"模式：该模式将上面图层中的颜色与下面图层中的颜色进行混合相乘，形成一种光线透过两张叠加在一起的幻灯片的效果，从而得到比原来的两种颜色更深的颜色效果，针对正片叠底的特点可以快速调整曝光过度的照片。

随堂练习　快速调整曝光过度

素材：第8节/快速调整曝光过度　　　　　　　　　重点指数：★★★

打开素材图像如图8-28所示，复制"背景"图层，得到"背景副本"图层，将其图层混合模式设置为"正片叠底"，得到的图像效果如图8-29所示。

图8-28　　　　　　　　　　　　　图8-29

"颜色加深"模式：该模式将增强上面图层与下面图层之间的对比度，从而得到颜色加深的图像效果如图8-30所示。

图8-30

"线性加深"模式：该模式将查看每个颜色通道中的颜色信息，加暗所有通道的基色，并通过提高其他颜色的亮度来反映混合颜色，此模式对于白色将不发生任何变化。

"深色"模式：该模式以当前图像饱和度为依据，直接覆盖底层图像中暗调区域的颜色。底层图像中包含的亮度信息不变，以当前图像中的暗调信息所取代，从而得到最终效果。"深色"模式可反映背景较亮图像中暗部信息的表现，暗调颜色取代亮部信息。

8.2.3 | 提亮模式

"变亮"模式：该模式与"变暗"模式正好相反，选择该模式后，上面图层中较亮的像素将代替下面图层中与之相对应的较暗像素，而下面图层中较亮的像素将代替上面图层中与之相对应的较暗的像素，从而使叠加后的图像区域变亮，如图8-31所示。

图8-31

"滤色"模式：该模式与"正片叠底"模式正好相反，它将图像的上层颜色与下层颜色结合起来产生比两种颜色都浅的第三种颜色，可以理解为将绘制的颜色与底色的互补色相乘，然后除以255得到的混合效果，通过该模式转换后的颜色通常很浅，像是被漂白一样，最后得到的总是较亮的颜色，如图8-32所示。

图8-32

"颜色减淡"模式：该模式将通过减少上下图层中像素的对比度来提高图像的亮度。

"线性减淡"模式：该模式与"线性加深"模式的作用刚好相反，它通过加亮所有通道的基色，并通过降低其他颜色的亮度来反映混合颜色，此模式对于黑色将不发生任何变化。

"浅色"模式：该模式与"深色"模式正好相反。"浅色"模式可影响背景较暗图像中的亮部信息的表现，以高光颜色取代暗部信息。

8.2.4 对比模式

"叠加"模式：该模式是将绘制的颜色与底色相互叠加，也就是说把图像的下层颜色与上层颜色相混合，提取基色的高光和阴影部分，产生一种中间色。下层不会被取代，而是和上层相互混合来显示图像的亮度和暗度，如图8-33所示。

图8-33

"柔光"模式：该模式会产生柔光照射的效果。该模式是根据绘图色的明暗来决定图像的最终效果是变亮还是变暗的。如果上层颜色比下层颜色更亮一些，那么最终将更亮；如果上层颜色比下层颜色的像素更暗一些，那么最终颜色将更暗，使图像的亮度反差增大，如图8-34所示。

图8-34

"强光"模式：该模式与"柔光"模式类似，也就是将下面图层中的灰度值与上面图层进行处理，所不同的是产生的效果就像一束强光照射在图像上一样。

"亮光"模式：该模式根据绘图色增加或减小对比度来加深或减淡颜色，具体取决于混合色。如果混合色比50%的灰度亮，图像通过降低对比度来加亮图像；反之，通过提高对比度来使图像变暗。

"线性光"模式：该模式是通过增加或降低当前层颜色亮度来加深或减淡颜色。若当前图层颜色比50%的灰亮，图像通过增加亮度使整体变亮。若当前图层颜色比50%的灰暗，图像会降低亮度使整体变暗。

"点光"模式：该模式通过置换颜色像素来混合图像，如果混合色比50%的灰亮，比图像暗的像素会被替换，而比源图像亮的像素无变化；反之，比原图像亮的像素会被替换，而比图像暗的像素无变化。

"实色混合"模式：该模式将两个图层叠加后，当前层产生很强的硬性边缘，将原本逼真的图像以色块的方式表现。该模式可增加颜色的饱和度，使图像产生色调分离的效果，如图8-35所示。

图8-35

8.2.5 | 比较模式

"差值"模式：该模式将当前图层的颜色与下方图层的颜色的亮度进行对比，用较亮颜色的像素值减去较暗颜色的像素值，所得差值就是最后的像素值。

"排除"模式：该模式与"差值"模式相似，但是具有高对比度和低饱和度的特点，比"差值"模式的效果要柔和、明亮一些。其中与白色混合将反转"基色"值，而与黑色混合则不发生变化。其实无论是"差值"模式还是"排除"模式，都能使人物或自然景色图像产生更真实或更吸引人的视觉冲击。

8.2.6 | 色彩模式

"色相"模式：该模式是选择下方图层颜色亮度和饱和度值与当前层的色相值进行混合创建的效果，混合后的亮度及饱和度取决于基色，但色相则取决于当前层的颜色。

"饱和度"模式：该模式的作用方式与"色相"模式相似，它只用上层颜色的饱和度值进行着色，而使色相值和亮度值保持不变。下层颜色与上层颜色的饱和度值不同时，才能使用描绘颜色进行着色处理。

"颜色"模式：该模式使用基色的明度以及混合色的色相和饱和度创建结果，能够使用"混合色"颜色的饱和度值和色相值同时进行着色，这样可以保护图像的灰色色值，但混合后的整体颜色由当前混合色决定。"颜色"模式可以看成是"饱和度"模式和"色相"模式的综合效果。该模式能够使灰色图像的阴影或轮廓透过着色的颜色显示出来，掺和某种色彩化的效果。

"明度"模式：该模式能够使用"混合色"颜色的亮度值进行着色，而保持上层颜色的饱和度和色相数值不变。其他就是用上层中的"色相"和"饱和度"以及"混合色"的亮度对比度来得到最终结果。此模式得到的效果与"颜色"模式得到的效果相反。

综合练习 **绘制多彩唇色**

素材：第8节/绘制多彩唇色　　　　　　重点指数：★★★★

① 打开素材图像如图8-36所示，复制"背景"图层，得到"背景副本"图层，将"背景副本"图层的图层混合模式设置为"叠加"，如图8-37所示。

图8-36

图8-37

效果图

② 执行"滤镜 > 其他 > 高反差保留"，打开"高反差保留"对话框如图8-38所示设置半径为3像素，设置完毕后单击"确定"按钮，得到的图像效果如图8-39所示；选择工具箱中的矩形选框工具，在其工具选项栏中如图8-40所示选择渐变颜色。

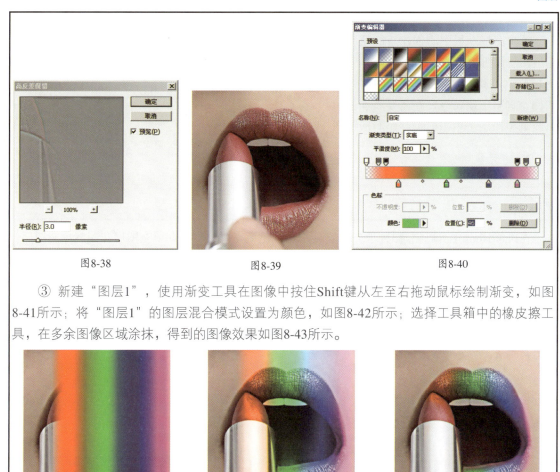

图8-38　　　　　　　　　图8-39　　　　　　　　　图8-40

③ 新建"图层1"，使用渐变工具在图像中按住Shift键从左至右拖动鼠标绘制渐变，如图8-41所示；将"图层1"的图层混合模式设置为颜色，如图8-42所示；选择工具箱中的橡皮擦工具，在多余图像区域涂抹，得到的图像效果如图8-43所示。

图8-41　　　　　　　　　图8-42　　　　　　　　　图8-43

8.3 填充和调整图层

通过第7节的调整命令的学习，我们知道如果图像色彩与色调出现偏差时可以通过调整命令来加以调整，但一次只能调整一个图层。本节将介绍如何通过创建填充或调整图层来同时调整多个图层上的图像。

1.认识填充和调整图层

填充和调整图层类似于图层蒙版，它由调整缩览图和图层蒙版缩览图组成，如图8-44所示。

填充和调整缩览图由于创建填充或调整图层时选择的色调或色彩命令不一样而显示出不同的图像效果。图层蒙版随着填充或调整图层的创建而创建，默认情况下填充为白色，即表示填充或调整图层对图像中的所有区域起作用；调整图层名称会随着创建填充或调整图层时选择的命令来显示，例如当创建的调整图层是"色阶"时，则名称为"色阶1"；当创建的填充图层是"渐变"时，则名称为"渐变填充1"。

单击图层面板中的创建新的填充或调整图层按钮 ，弹出如图8-45所示的下拉菜单，其中包括3个填充图层命令和15个调整图层命令，在需要添加的填充或调整图层上单击即可创建对应的图层。

图8-44　　　　　　　　　　图8-45

2.填充图层

在Photoshop中可以创建3种填充图层分别是纯色填充图层、渐变填充图层和图案填充图层。创建了填充图层后可以通过更改其图层混合模式和图层不透明度来达到不同的图像效果。下面通过一个练习来学习如何创建填充图层。

随堂练习　创建填充图层

素材：第8节/创建填充图层　　　　　　　　　重点指数：★ ★ ★

① 打开素材图像如图8-46所示，单击图层面板中的创建新的填充或调整图层按钮 ，在弹出的下拉菜单中选择"纯色"选项，如图8-47所示设置颜色，单击确定按钮，将"纯色"调整图层的图层混合模式设置为"强光"，制作暮色效果如图8-48所示。

图8-46　　　　　　　　　图8-47　　　　　　　　　图8-48

② 还可以对"纯色"调整图层的颜色进行调整，双击"纯色"调整图层，打开"拾取实色"对话框，如图8-49所示设置颜色，更改为晨曦色调如图8-50所示。

图8-49　　　　　　　　　图8-50

3.调整图层

调整图层为数码照片的修改提供了一种非破坏性的图像调整方式，该命令可以在不破坏图像原始数据的基础上进行颜色与色调的调整，并且可以随时修改所设置的调整参数，或删除调整图层将图像恢复为调整前的效果。

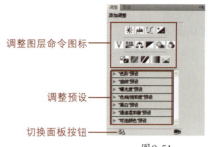

执行"图层＞新建调整图层"命令，在下拉菜单中选择命令即可创建调整图层；常用的方法是单击"图层"面板中的创建新的填充或调整图层按钮 ⬤，在弹出的下拉菜单中选择调整命令进行创建；或者打开"调整"面板如图8-51所示，在"调整"面板中单击需要添加的命令图标或选择调整预设，创建调整图层。

调整图层命令图标

调整预设

切换面板按钮

图8-51

4.调整图层的蒙版编辑

在"图层"面板中，由于调整图层的调整范围是其下方所有图层，因此对调整图层进行蒙版编辑可以更好地限定调整图层的调整范围。

在创建新的调整图层时，每个调整图层都带有可对该图层进行编辑控制的图层蒙版。调整图层中的图层蒙版与普通图层的图层蒙版作用相同，在蒙版中白色区域为接受调整的区域，而黑色区域则代表不接受调整图层编辑区域。

图8-52所示为原图像。当为其添加"色相/饱和度"调整图层时，"图层"面板中的蒙版为默认白色，如图8-53所示。此时代表调整图层对图像所进行的调整被完全应用，得到的图像效果如图8-54所示。

图8-52

图8-53

图8-54

将前景色设置为黑色，选择工具箱中的画笔工具，选择"色相/饱和度"调整图层蒙版缩览在图像中绘制，"图层"面板如图8-55所示，得到的图像效果如图8-56所示。

图8-55

图8-56

小提示：

当需要对图层上不透明区域的像素进行调整时，可使用剪贴蒙版对应用的调整图层的调整范围进行限制。为调整图层创建剪贴蒙版与图层上创建剪贴蒙版的方法相同，当调整图层与被调整图层相邻时，按快捷键Ctrl+Alt+G即可创建剪贴蒙版。

使用剪贴蒙版的优点在于，创建蒙版后调整图层的调整效果将只作用于被调整图层，而不会影响其他图层。

综合练习 调出照片的自然色调

素材：第8节/调出照片的自然色调　　　　　　　重点指数：★ ★ ★ ★

效果图

① 打开素材图像如图8-57所示，复制"背景"图层，得到"背景副本"图层，将"背景副本"图层的图层混合模式设置为"滤色"，图层不透明度设置为30%，得到的图像效果如图8-58所示；"图层"面板如图8-59所示。

　　　图8-57　　　　　　　　　　图8-58　　　　　　　　　　图8-59

② 单击图层面板中的创建新的填充或调整图层按钮，在弹出的下拉菜单中选择"曲线"选项，如图8-60所示设置参数，得到的图像效果如图8-61所示。

　　　　　　图8-60　　　　　　　　　　　　图8-61

③ 用同样的方法，添加"色彩平衡"调整图层，如图8-62所示设置参数，得到的图像效果如图8-63所示；选择"色彩平衡1"调整图层的蒙版缩览图，将前景色设置为黑色，选择工具箱中的画笔工具，在图像中人物皮肤区域涂抹，得到的图像效果如图8-64所示。

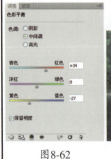  

　　图8-62　　　　　　　　图8-63　　　　　　　　　图8-64

④ 添加"色相/饱和度"调整图层，如图8-65所示设置参数，得到的图像效果如图8-66所示；选择"色相/饱和度1"调整图层的蒙版缩览图，将前景色设置为黑色，选择工具箱中的画笔工具，在图像中人物皮肤区域涂抹，得到的图像效果如图8-67所示。

图8-65　　　　　　　图8-66　　　　　　　图8-67

⑤ 添加"色阶"调整图层，如图8-68所示设置参数，得到的图像效果如图8-69所示，选择"色相/饱和度1"调整图层的蒙版缩览图，按住Alt键拖动蒙版到"色阶1"调整图层蒙版上，替换"色阶1"调整图层蒙版，得到的图像效果如图8-70所示。

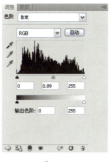

图8-68　　　　　　　图8-69　　　　　　　图8-70

⑥ 添加"色彩平衡"调整图层，如图8-71所示设置参数，得到的图像效果如图8-72所示；选择"色彩平衡2"调整图层的蒙版缩览图，将前景色设置为黑色，选择工具箱中的画笔工具，在图像中人物皮肤区域涂抹，得到的图像效果如图8-73所示。

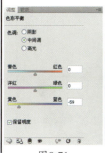

图8-71　　　　　　　图8-72　　　　　　　图8-73

⑦ 按快捷键Ctrl+Shift+Alt+E盖印可见图层，得到"图层1"，执行"滤镜 > 模糊 > 高斯模糊"命令，设置模糊半径为5像素，单击"确定"按钮，得到的图像效果如图8-74所示；单击"图层"面板上的添加图层蒙版按钮 ⬚ ，为其添加图层蒙版，将前景色设置为黑色，选择工具箱中的画笔工具，在其工具选项栏中设置不透明度和流量均为50%，在图像中涂抹，得到的图像效果如图8-75所示。

图8-74　　　　　　　　　　　　　　　图8-75

| 综合练习 | 调出照片的清新色彩 |

素材：第8节/调出照片的清新色彩　　　　　　　　　重点指数：★ ★ ★ ★

① 打开素材图像如图8-76所示；单击"图层"面板中的添加新的填充或调整图层按钮，在弹出的下拉菜单中选择"色彩平衡"选项，如图8-77所示设置参数；得到的图像效果如图8-78所示。

图8-76　　　　　　　图8-77　　　　　　　图8-78　　　　　　效果图

② 选择"色彩平衡"调整图层的图层蒙版，将前景色设置为黑色，选择工具箱中的画笔工具，设置合适的柔角笔刷，在图像中涂抹人物区域，得到的图像效果如图8-79所示；添加"选取颜色"调整图层，如图8-80所示设置参数；得到的图像效果如图8-81所示。

 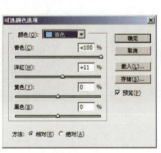 

图8-79　　　　　　　　　　图8-80　　　　　　　　　图8-81

③ 用同样的方法在"选取颜色"调整图层的图层蒙版中涂抹，得到的图像效果如图8-82所示；添加"曲线"调整图层，如图8-83所示调整"曲线"；得到的图像效果如图8-84所示。

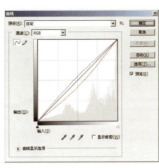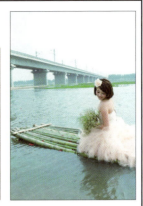

图8-82　　　　　　　图8-83　　　　　　　图8-84

④ 用同样的方法在"曲线"调整图层的图层蒙版中涂抹，得到的图像效果如图8-85所示；打开素材图像如图8-86所示；将其拖曳至主文档中，得到"图层1"，调整图像大小与位置如图8-87所示。

图8-85　　　　　　　图8-86　　　　　　　图8-87

⑤ 为"图层1"添加图层蒙版，将前景色设置为黑色，选择工具箱中的渐变工具，在其工具选项栏中设置由黑色到透明的渐变如图8-88所示在图像中绘制渐变；使用画笔在图层蒙版中涂抹掉多余的图像，得到的图像效果如图8-89所示。

图8-88　　　　　　　　　　　　图8-89

⑥ 执行"图像＞调整＞色彩平衡"命令，打开"色彩平衡"对话框，如图8-90所示设置参数；得到的图像效果如图8-91所示；图层蒙版如图8-92所示。

图8-90   图8-91   图8-92

⑦ 按快捷键Ctrl+Shift+Alt+E盖印可见图层，得到"图层2"，如图8-93所示；执行"滤镜＞模糊＞高斯模糊"命令，设置模糊半径为1.6像素，设置完毕后单击"确定"按钮，得到的图像效果如图8-94所示；为"图层2"添加图层蒙版，在图像中人物区域涂抹，得到的图像效果如图8-95所示。

  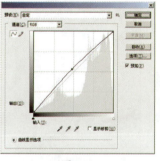

图8-93   图8-94   图8-95

⑧ 再次盖印可见图层，得到"图层3"；执行"滤镜＞渲染＞镜头光晕"命令，如图8-96所示设置镜头光晕；得到的图像效果如图8-97所示；添加"曲线"调整图层，如图8-98所示设置参数；得到的图像效果如图8-99所示。

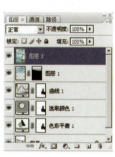  

图8-96   图8-97   图8-98   图8-99

Lesson 09
图层的蒙版

学习任务
了解并区分图层蒙版、矢量蒙版、剪贴蒙版、快速蒙版和文字蒙版
掌握图层蒙版的基本用法及原理

9.1 图层蒙版

Photoshop中的蒙版是用于控制用户需要显示或者影响的图像区域，或者说是用于控制需要隐藏或不受影响的图像区域。蒙版是进行图像合成的重要手段，也是Photoshop中极富魅力的功能之一，通过蒙版可以非破坏性的合成图像。

在Photoshop中，用户可以创建图层蒙版、矢量蒙版、剪贴蒙版、快速蒙版和文字蒙版5种蒙版。

1.创建图层蒙版

创建图层蒙版有多种方法，用户可以根据实际情况选择一种适合自己的创建方法。下面介绍两种常用的方法。

随堂练习　创建图层蒙版的两种方法

素材：第9节/创建图层蒙版的两种方法　　　　　　　重点指数：★★★

　　直接创建图层蒙版：这是使用最频繁的方法，通过"图层"面板中的添加图层蒙版按钮 ▣，即可创建图层蒙版。打开素材图像如图9-1所示，选择需要添加图层蒙版的图层，单击图层面板上的添加图层蒙版按钮 ▣，即可创建白色图层蒙版（白色显示底层图像，黑色隐藏底层图像），如图9-2所示；如果按住Alt键同时单击添加图层蒙版按钮 ▣，则创建后的图层蒙版中填充色为黑色，如图9-3所示。

图9-1　　　　　　　　　　　　　图9-2　　　　　　　　　　　图9-3

　　利用选区创建图层蒙版：在当前图层中创建选区，如图9-4所示，可以利用该选区创建图层蒙版，并可以选择添加蒙版后的图像是显示还是隐藏。

　　执行"图层＞图层蒙版"命令，在弹出的子菜单中选择相应的命令，分别为显示全部、隐藏全部、显示选区和隐藏选区命令。在这里操作演示显示选区和隐藏选区命令，帮助更好地理解该命令。

　　如图9-4所示图像及选区，执行"图层＞图层蒙版＞显示选区"命令，得到的图像效果如图9-5所示。

图9-4　　　　　　　　　　　　　　　　　图9-5

如果执行"隐藏选区"命令，得到的图像效果如图9-6所示。

图9-6

2.管理图层蒙版

图层蒙版被创建后，用户还可以根据系统提供的不同方式管理图层蒙版。常用的方法有查看、停用/启用、应用、删除和链接。

查看图层蒙版：按住Alt键的同时在"图层"面板中单击图层蒙版缩览图即可进入图层蒙版的编辑状态，如图9-7所示；再次按住Alt键单击图层蒙版缩览图即可回到图像编辑状态。

停用/启用图层蒙版：如果要查看添加了图层蒙版的图像原始效果，可暂时停用图层蒙版的屏蔽功能，按住Shift键的同时在图层蒙版上单击即可或者在图层面板中单击鼠标右键选择"停用图层蒙版"选项，图层蒙版状态如图9-8所示，为停用状态。再次按住Shift键单击或在图层面板上单击"启用图层蒙版"选项，可恢复图层蒙版。

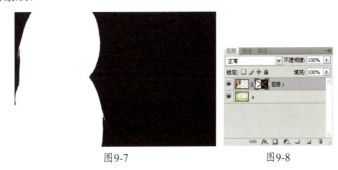

图9-7   图9-8

删除图层蒙版：如果不需要图层蒙版，可直接将其拖至"图层"面板上的删除图层按钮 🗑 上，在弹出的对话框中单击"删除"即可，或者在图层蒙版上单击鼠标右键选择"删除蒙版"选项。

链接图层蒙版：默认情况下，图层与图层蒙版是链接状态，如果需要取消链接，单击图层和蒙版缩览图中间的链接按钮即可。当图层与图层蒙版处于链接状态时，移动图层时，图层蒙版也随着移动；当取消链接时，图层蒙版不随着图层的移动而移动。

3.编辑图层蒙版

编辑图层蒙版就是依据需要显示及隐藏的图像，使用适当的工具来决定蒙版中哪一部分为白色，哪一部分为黑色。编辑图层蒙版的手段非常多，如工具箱中的各种工具以及滤镜中的命令等，都可以对图层蒙版进行直接编辑。

随堂练习　使用工具编辑蒙版

素材：第9节/使用工具编辑蒙版　　　　　　　　　重点指数：★★★

① 打开素材图像如图9-9所示，单击图层面板上的添加图层蒙版按钮 ，为其添加图层蒙版，选择工具箱中的渐变工具 ，在其工具选项栏中设置由白色到黑色的渐变，单击径向渐变按钮 ；选择图层蒙版，在图像中由中心向四周拖动鼠标绘制渐变，图像效果如图9-10所示。

图9-9　　　　　　　　　　　　　　　　　　图9-10

② 将前景色设置为白色，选择工具箱中的画笔工具 ，在其工具选项栏中设置合适的柔角笔刷，在图像中人物主体区域涂抹，得到的图像效果如图9-11所示，图层蒙版状态如图9-12所示。

图9-11　　　　　　　　　　　　　　　图9-12

9.2　矢量蒙版

矢量蒙版是一个由路径确定的类似图层蒙版的混合机制，被路径所包围的部分（内部）是不透明的，外部则是完全透明的。图9-13所示为使用矢量蒙版后图像效果，图9-14所示为"图层"面板状态，图9-15所示为"路径"面板状态。

图9-13　　　　　　　　图9-14　　　　　　　　图9-15

可以看到，矢量蒙版中隐藏图像的区域是由灰色显示的。由于矢量蒙版具有矢量特性，因此能够对其进行无限缩放。

在"图层"面板中选择需要添加矢量蒙版的图层，执行"图层＞矢量蒙版＞显示全部"命令，执行此命令后，添加矢量蒙版的图层图像为全部显示状态，添加的蒙版呈白色状态；若执行"图层＞矢量蒙版＞隐藏全部"命令，执行此命令后，添加矢量蒙版的图层图像为全部隐藏状态，添加的蒙版呈灰色状态；如果当前文档有路径，则执行"图层＞矢量蒙版＞显示"命令后，路径区域为蒙版显示区域。

9.3 剪贴蒙版

剪贴蒙版一般应用于文字、形状和图像之间的相互合成。剪贴蒙版是由两个或两个以上的图层所构成的，处于最下方的图层一般被称为基层，用于控制其上方的图层显示区域，其上方的图层一般被称为内容图层。图9-16所示为使用剪贴蒙版制作的图像效果，图9-17所示为"图层"面板状态。在一个剪贴蒙版中，基层图层只能有一个，而内容图层则可以有若干个。

图9-16 图9-17

执行"图层>创建剪贴蒙版"（Ctrl+Shift+G）命令，或按住Alt键，当光标如图9-18所示样式时，松开鼠标即可创建剪贴蒙版。需要释放剪贴蒙版时，可在"图层"面板上的剪贴层上单击鼠标右键，在弹出的菜单中选择"释放剪贴蒙版"命令，即可释放剪贴蒙版，或按快捷键Ctrl+Shift+G，也可释放剪贴蒙版。

图9-18

9.4 文字蒙版

选择工具箱中的横排文字蒙版工具 和直排文字蒙版工具 可以创建文字蒙版，即文字选区，如图9-19和图9-20所示。

图9-19

图9-20

9.5 快速蒙版

要使用"快速蒙版"模式，可以先从选区开始，然后给它添加或从中减去选区，以建立蒙版。也可以完全在"快速蒙版"模式下创建蒙版。受保护区域和未受保护区域以不同颜色进行区分。当离开"快速蒙版"模式时，未受保护区域成为选区。

快速蒙版通过颜色叠加（类似于红片）的方式覆盖并保护选区外的区域。选区的区域不受该蒙版的保护。默认情况下，"快速蒙版"模式会用红色、50% 不透明的叠加为受保护区域着色。

当图像中没有选区时，如图9-21所示，单击工具箱中的以快速蒙版模式编辑按钮 后，选择工具箱中的画笔工具 在图像中涂抹，如图9-22所示单击以标准模式编辑按钮后蒙版外的区域将会转化为选区。

图9-21

图9-22

　　当图像中有选区时如图9-23所示，单击该按钮 ⬛，图像中选区外的部分为受保护区域及蒙版区域，如图9-24所示；可以使用画笔工具将前景色设置为黑色，在图像中需要做选择的区域涂抹，不需要选择的区域将前景色设置为白色进行涂抹，涂抹完毕后的图像效果如图9-25所示；单击工具箱中的以标准模式编辑按钮 ⬛，得到的图像效果如图9-26所示，按快捷键Ctrl+Shift+I将选区反选如图9-27所示。

图9-23

图9-24

图9-25

图9-26

图9-27

小提示：

　　在使用画笔工具涂抹时，将前景色和背景色设置为默认的白色和黑色，在图像中用黑色涂抹为增加到蒙版保护区，用白色涂抹为从保护区中擦除；按快捷键X可以实现前景色和背景色的互换，方便快速修改蒙版使用。

　　当图像处于快速蒙版的状态时，在"通道"中会形成一个临时的快速蒙版通道如图9-28和图9-29所示；但是，所有的蒙版编辑是在图像窗口中完成。

图9-28

图9-29

素材：第9节/染发   重点指数：★★★

① 通过"通道"面板调出选区：打开素材图像如图9-30所示，复制"背景"图层，得到"背景副本"图层，选择工具箱中的仿制图章工具，修复人物皮肤斑点，如图9-31所示；复制"背景副本"图层，得到"背景副本2"图层，切换至"通道"面板，按住Ctrl键单击"红"通道缩览图，调出其选区，如图9-32所示。

效果图

② 新建"图层1"，将前景色设置为白色，按快捷键Alt+Delete填充前景色，得到的图像效果如图9-33所示；将其图层不透明度设置为40%，图像效果如图9-34所示；选择工具箱中的橡皮擦工具，在其工具选项栏中设置流量为40%的柔角笔刷，在图像中头发和眼睛区域涂抹，得到的图像效果如图9-35所示。

图9-30   图9-31   图9-32

图9-33   图9-34   图9-35

③ 快速蒙版：新建"图层2"，单击工具箱中的以快速蒙版模式编辑按钮，使用画笔工具设置合适的柔角笔刷在图像中涂抹，如图9-36所示；单击工具箱中的以标准模式编辑按钮，选区效果如图9-37所示，按快捷键Ctrl+Shift+I将选区反向，图像效果如图9-38所示。

图9-36   图9-37   图9-38

④ 选择工具箱中的渐变工具，在其工具选项栏中单击可编辑渐变条，打开"渐变编辑器"对话框，如图9-39所示设置渐变颜色，单击"确定"按钮；在图像从上至下拖动鼠标填充渐变，图像效果如图9-40所示；按快捷键Ctrl+D取消选择，将"图层2"的图层混合模式设置为"柔光"，如图9-41所示。

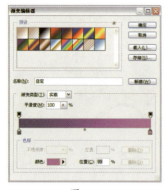

图9-39   图9-40   图9-41

⑤ 选择工具箱中的橡皮擦工具，清除图像中的多余色彩；新建"图层3"，用同样的方法在图像中编辑快速蒙版如图9-42所示；将其转化为选区，设置渐变颜色如图9-43所示；填充渐变颜色并将其图层混合模式设置为"柔光"，图像效果如图9-44所示。

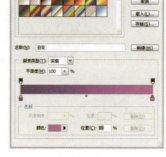

图9-42   图9-43   图9-44

⑥ 使用橡皮擦工具，清除图像中的多余色彩；新建"图层4"，用同样的方法编辑快速蒙版如图9-45所示；将其转化为选区，设置渐变颜色如图9-46所示；填充渐变颜色，并将其图层混合模式设置为"柔光"，使用橡皮擦擦除多余色彩，得到的图像效果如图9-47所示。

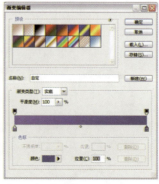

图9-45   图9-46   图9-47

9.6 图层组

图层组是用来管理和编辑图层的，在"图层"面板中把相似图像捆绑为文件夹形态的功能。当处理的图层较多的时候，该功能可以轻松地控制图层组中包含的图层。

1.创建图层组

在"图层"面板中单击创建新组按钮 ，即可创建一个新图层组如图9-48所示，也可通过在"图层"面板中选择一个图层后，单击右上角的扩展按钮，在弹出的下拉菜单中选择"新建组"选项，打开"新建组"对话框如图9-49所示，在对话框中设置名称、颜色、模式和不透明度，单击"确定"按钮后，在"图层"面板中即可创建一个新组。

图9-48

图9-49

随堂练习 **从图层新建组**

素材：第9节/从图层新建组   重点指数：★★★

打开素材图像如图9-50所示，选中一个或多个图层，单击右上角的扩展按钮，在弹出的菜单中选择"从图层新建组"选项，在打开的"新建组"对话框中进行设置，单击"确定"按钮，即可将选择的图层置于一个图层组中，如图9-51所示。

图9-50

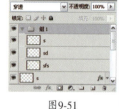

图9-51

2.编辑图层组

增加或移除图层组内图像： 在"图层"面板中选择需要移入组内的图层，按住鼠标拖曳图层至组中即可；在组内中需要移除的图层，拖动至组外，松开鼠标即可。

删除图层组： 删除图层组的方法与删除图层的方法一样，将需要删除的图层组拖动至"图层"面板的删除按钮 上，即可删除图层组。

综合练习 **梦幻冰之女王**

素材：第9节/梦幻冰之女王   重点指数：★★★★

① 打开素材图像如图9-52所示，选择工具箱中的裁剪工具 ，如图9-53所示绘制裁剪区域；按Enter键确认变换，如图9-54所示；选择工具箱中的矩形选框工具，如图9-55所示绘制选区，按快捷键Ctrl+T调出自由变换框，如图9-56所示调整图像；按快捷键Ctrl+D取消选择，图像效果如图9-57所示。

效果图

图9-52　　　　　　　　　　图9-53　　　　　　　　　　图9-54

图9-55　　　　　　　　　　图9-56　　　　　　　　　　图9-57

② 打开素材图像如图9-58所示，将该素材图像拖曳至主文档中，调整图像大小与位置，如图9-59所示；将其图层混合模式设置为"叠加"，如图9-60所示；为其添加图层蒙版，将前景色设置为黑色隐藏不需要的区域，如图9-61所示。

图9-58

图9-59　　　　　　　　　　图9-60　　　　　　　　　　图9-61

③ 打开素材图像如图9-62所示；将其拖曳至主文档中，调整图像大小与位置如图9-63所示；将其图层不透明度设置为40%，如图9-64所示；单击"图层"面板上的添加新的填充或调整图层按钮 ，在弹出的下拉菜单中选择"色相/饱和度"选项，按快捷键Ctrl+Alt+G创建剪贴蒙版，如图9-65所示，如图9-66所示设置参数；得到的图像效果如图9-67所示。

图9-62　　　　　　　　　　图9-63　　　　　　　　　　图9-64

图9-65   图9-66   图9-67

④ 打开素材图像如图9-68所示；将其拖曳至主文档中，调整图像大小与位置将其图层混合模式设置为"滤色"，图像效果如图9-69所示；为其添加图层蒙版，是用画笔工具隐藏不需要的区域，图像效果如图9-70所示。

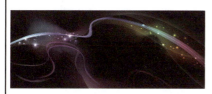

图9-68   图9-69   图9-70

⑤ 打开素材图像如图9-71所示；将其拖曳至主文档中，调整图像大小与位置，如图9-72所示；为其添加图层蒙版，隐藏不需要的区域，如图9-73所示。

图9-71   图9-72   图9-73

⑥ 打开素材图像如图9-74所示；将其拖曳至主文档中，用同样的方法使其与主文档图像融合，如图9-75所示，"图层"面板如图9-76所示；输入文字，并添加装饰图案，最终图像效果如图9-77所示。

图9-74

图9-75   图9-76   图9-77

综合练习 杯中景物

素材：第9节/杯中景物　　　　　　　　　　　　重点指数：★★★★

① 按快捷键Ctrl+N打开新建对话框，如图9-78
所示设置参数；打开素材图像并将其拖曳至主文档
中，调整图像大小与位置，如图9-79所示。

效果图

图9-78

图9-79

② 选择工具箱中的矩形选框工具，如图9-80所示绘制选区；按快捷键Ctrl+T调出自由变换
框，调整图像如图9-81所示；按快捷键Ctrl+D取消选择，使用仿制图章工具修复掉多余图像，如
图9-82所示；使用涂抹工具修改光源效果，如图9-83所示。

图9-80

图9-81

图9-82

图9-83

③ 选择工具箱中的钢笔工具，如图9-84所示绘制选区；按快捷键Ctrl+Enter将路径转化为
选区，如图9-85所示；按快捷键Ctrr+J复制选区内图像到新图层，按快捷键Ctrl+T调出自由变换
框，单击鼠标右键选择"垂直翻转"选项，如图9-86所示；为其添加图层蒙版，将前景色设置为
黑色，选择工具箱中的渐变工具，在其工具选项栏中设置由黑色到透明的线性渐变，在图层蒙
版中由下之上绘制渐变，图像效果如图9-87所示。

图9-84

图9-85

图9-86

图9-87

④ 打开素材图像，如图9-88所示，将其拖曳至主文档中，调整图像大小与位置如图9-89所示；为其添加图层蒙版，将前景色设置为黑色，选择工具箱中的画笔工具，在其工具选项栏中设置合适的柔角笔刷和画笔流量，在图像边缘涂抹，涂抹完毕后的图像效果如图9-90所示。

| 图9-88 | 图9-89 | 图9-90 |

⑤ 选择工具箱中的横排文字工具，在图像中输入文字，如图9-91所示；将素材图像拖曳至主文档中，调整图像大小与位置，按快捷键Ctrl+Alt+G创建剪贴蒙版，如图9-92所示；单击"图层"面板上的创建新的填充或调整图层按钮，在弹出的下拉菜单中选择"曲线"选项，按快捷键Ctrl+Alt+G创建剪贴蒙版，如图9-93所示设置参数，图像效果如图9-94所示。

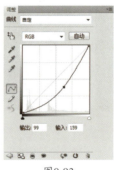

| 图9-91 | 图9-92 | 图9-93 | 图9-94 |

⑥ 选择"文字"图层，单击"图层"面板上的添加图层样式按钮，在弹出的下拉菜单中选择"投影"选项，打开"图层样式"对话框，如图9-95所示设置参数；勾选"斜面和浮雕"选项，如图9-96所示设置参数；按Enter键确认，得到的图像效果如图9-97所示。

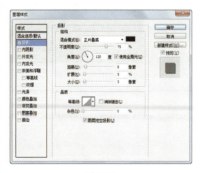
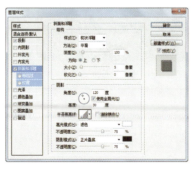
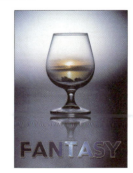

| 图9-95 | 图9-96 | 图9-97 |

综合练习 文字人物特效

素材：第9节/文字人物特效 　　　　　　　　重点指数：★★★★

① 打开素材图像如图9-98所示；选择工具箱中的横排文字工具，如图9-99所示在图像中绘制文本框。

图9-98 　　　　　　　图9-99 　　　　　　　效果图

② 打开素材中的文本将文字复制到绘制的文本框中，调整文字大小和行距如图9-100所示；选择"背景"图层，单击图层面板中的创建新图层按钮，新建"图层1"，并填充为黑色如图9-101所示；复制"背景"图层，得到"背景副本"图层，并将其移至图层上方，如图9-102所示。

图9-100 　　　　　　　图9-101 　　　　　　　图9-102

③ 按快捷键Ctrl+U打开"色相/饱和度"对话框，如图9-103所示设置参数；单击"确定"按钮，图像效果如图9-104所示；按快捷键Ctrl+Alt+G创建剪贴蒙版，得到图像效果如图9-105所示。

图9-103 　　　　　　　图9-104 　　　　　　　图9-105

Lesson 10
通道

学习任务
了解通道的作用
学会应用通道

10.1 什么是通道

在Photoshop中，通道是图像文件的一种颜色数据信息存储形式，它与图像文件的颜色模式密切关联，多个分色通道叠加在一起可以组成一幅具有颜色层次的图像。

在某种意义上来说，通道就是选区，也可以说通道就是存储不同类型信息的灰度图像。一个通道层同一个图像层之间最根本的区别在于：图像的各个像素点的属性是以红、绿、蓝三原色的数值来表示的，如图10-1所示。而通道层中的像素颜色是由一组原色的亮度值组成。通俗的说，通道是一种颜色的不同亮度，是一种灰度图像。

利用通道我们可以将勾画的不规则选区存储起来，将选择存储为一个独立的通道层，需要选区时，就可以方便地从通道中将其调出。

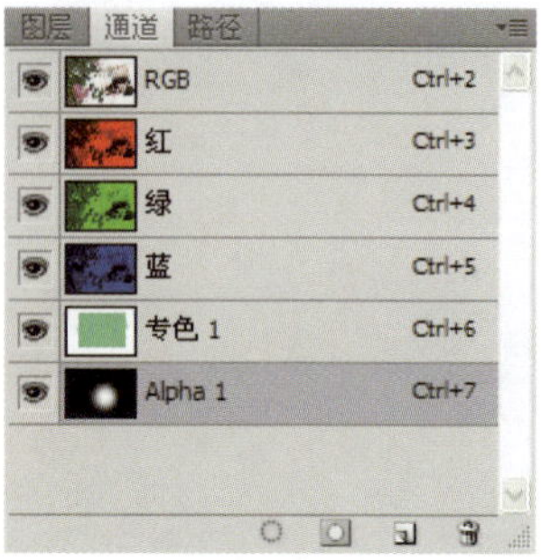

图10-1

1.通道面板

在Photoshop中，要对通道进行操作，必须使用“通道”面板，执行“窗口>通道”命令，即可打开“通道”面板，在面板中将根据图像文件的颜色模式显示通道数量，图10-2和图10-3所示分别为RGB颜色模式和CMYK颜色模式。

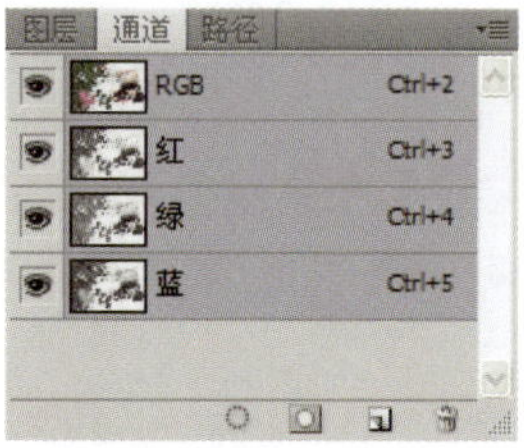

图10-2

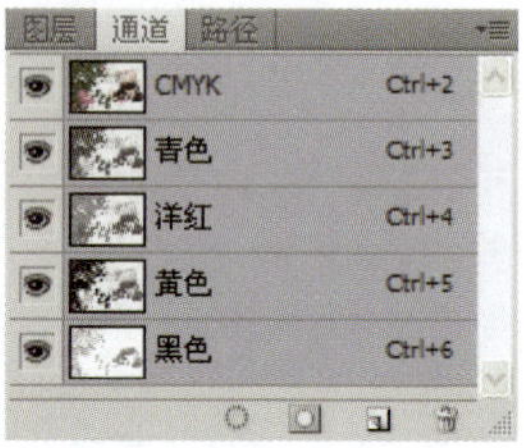

图10-3

在“通道”面板中可以通过直接单击通道选择所需通道，也可以按住Shift键单击选中多个通道。所选择的通道会以高亮的方式显示，当用户选择复合通道时，所有分色通道都以高亮方式显示。“通道”面板中其他组成元素较为简单，元素的作用如下。

将通道作为选区载入按钮：单击该按钮，可以将通道中的图像内容转换为选区；按住Ctrl键单击通道缩览图也可将通道作为选区载入。

将选区存储为通道按钮：单击该按钮，可以将当前图像中的选区以图像方式存储在自动创建的Alpha通道中。

创建新通道按钮：单击该按钮，即可在“通道”面板中创建一个新通道。

删除当前通道按钮：单击该按钮，可以删除当前用户所选择的通道，但不能删除图像的原色通道。

2.通道类型

Photoshop中有3种不同的通道，分别是颜色通道、Alpha通道和专色通道，其功能各不相同。

颜色通道：位于“通道”面板上面的通道称为颜色通道。这些通道的名称与图像所处的模式相对应，常用的两种颜色模式一种是RGB颜色模式，包含图像的红、绿和蓝通道如图10-4所示；另一个是CMYK颜色模式，包含了图像的青色、洋红、黄色和黑色通道，如图10-5所示。所有在绘图、编辑图像以及对图像应用滤镜时，实际上是改变颜色通道中的信息。

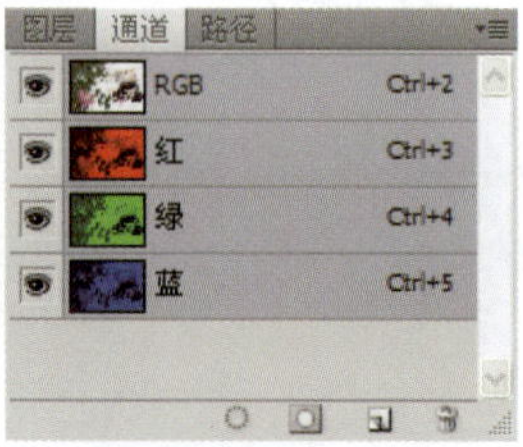

图10-4

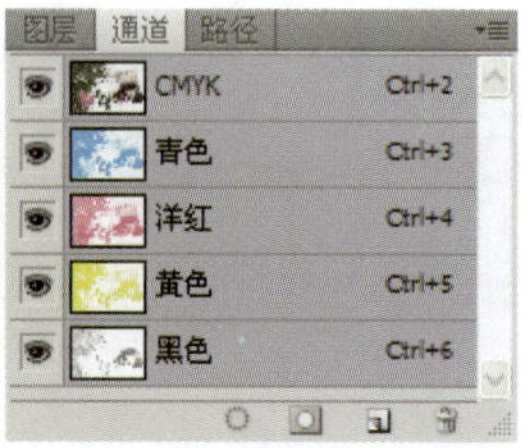

图10-5

Alpha通道：在颜色通道下面的就是Alpha通道，是我们的常用通道，它是在新建或打开图像后，手动创建出来的活动通道，Alpha通道可以用来制作和存储选区，如图10-6所示。用户可以使用默认名称即Alpha1或自定义名称。

图10-6

专色通道：主要应用于印刷的一种特殊通道。一般在制作应用于印刷的图片时，基本都选CMYK颜色模式，除了图像中包含的青色、洋红、黄色以外的颜色，如金、银，那么文档中就要使用这种专色通道。专色通道的名称通常是所使用油墨的名称。

10.2 │ 详解各种通道类型

10.2.1 │ 颜色通道

颜色通道用于保存RGB颜色、CMYK颜色或其他颜色模式的信息。如果没有指定通道，Photoshop默认所做的调整会影响所有通道。但如果指定具体通道，那么执行的命令只对选中的通道有影响。

转换颜色模式：通常在制作图像或新建一个文件时，都会选中RGB颜色模式。在该模式中，Photoshop用红、绿、蓝光来构造图像，如图10-7所示。因为所有的扫描仪和数码相机都是用RGB光线捕获图像，并且通常电脑显示器也是用RGB光线来显示图像，所以大多数图像开始会应用该模式，便于应用多种打印。

调整好的图像再打印输出时，可以将颜色模式转换为CMYK颜色模式，执行"图像＞模式＞CMYK颜色"命令，图像就会以CMYK颜色模式显示，如图10-8所示。

图10-7   图10-8

通道与图层的关系：颜色通道中的所有信息都是从"图层"面板中的元素收集来的。如果查看的是单个图层隐藏其他图层，该颜色通道显示的是该图层的内容，如图10-9所示；如果查看的是多个图层的，颜色通道所显示的是这些图层组合后的效果，如图10-10所示。

图10-9

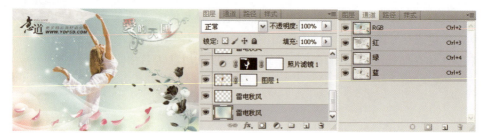

图10-10

混合颜色通道：如果图像中包含多个颜色通道，例如RGB、CMYK或Lab通道，最上面的通道即为混合颜色通道，也叫复合通道，它本身不包含任何信息，类似于一种预览效果，可以使所有颜色通道可见，并激活为可编辑状态。图10-11所示为选择RGB复合通道的效果。

图10-11

随堂练习 Lab模式快速调图法

素材：第10节/Lab模式快速调图法　　　　　　重点指数：★★★

打开一张素材图像，如图10-12所示，执行"图像>模式>Lab颜色"命令，将图像转换为Lab颜色模式，如图10-13所示。

图10-12

图10-13

效果图

选择"a"通道，按快捷键Ctrl+A全选，如图10-14所示；按快捷键Ctrl+C复制，选择"b"通道，按快捷键Ctrl+V粘贴，选择Lab复合通道，按快捷键Ctrl+D取消选择，图像效果如图10-15所示。

图10-14

图10-15

小提示：Lab模式的好处

　Lab模式所定义的色彩最多，且与光线及设备无关并且处理速度与RGB模式同样快，比CMYK模式快很多。因此，最佳避免色彩损失的方法是：应用Lab模式编辑图像，再转换为CMYK模式打印输出。

　在表达色彩范围上，处于第一位的是Lab模式，第二位的是RGB模式，第三位是CMYK模式。

　同时编辑多个通道：在使用调整命令时，可以发现在对话框中有一个通道下拉列表，如图10-16所示为"色阶"对话框，如图10-17所示为"曲线"对话框。

图10-16

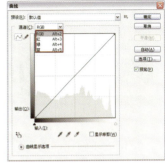

图10-17

　图10-18为原图，在对话框中可以选择单个通道进行编辑，如图10-19所示；也可以在"通道"面板中按住Shift键选中两个通道进行编辑，如图10-20所示，"曲线"对话框如图10-21所示；得到的图像效果如图10-22所示。

图10-18

图10-19

图10-20

图10-21

图10-22

　查看通道：通道既可以以黑白的缩览图方式显示，也可以以彩色的缩览图方式显示，如果需要更改显示方式，可以执行"编辑＞首选项＞界面"命令，在"首选项"对话中勾选"用彩色显示通道"复选框即可；或在"通道"上单击鼠标右键选择"界面选项"更改显示方式，如图10-23所示。

图10-23

10.2.2 | Alpha通道

Alpha通道可以用来新建或存储选区，它可以用普通的选区工具无法做到的方式来制作和处理选区。

存储和载入选区：Alpha通道可以被利用为存储选区的工具，例如在图层中创建好选区后，可以在"通道"面板中单击将选区存储为通道按钮 ，如图10-24和图10-25所示。

图10-24

图10-25

也可以在创建好选区后，如图10-26所示，执行"选择＞存储选区"命令，弹出如图10-27所示的"存储选区"对话框，在对话框中设置名称，单击"确定"按钮，"通道"面板如图10-28所示。

执行"选择＞载入选区"命令，即可载入通道中存储的选区，或者按住Ctrl键单击需要载入选区的通道缩览图，即可载入选区。

图10-26

图10-27

图10-28

在将选择区域保存为Alpha通道时，选择区域被保存为白色，而非选择区域被保存为黑色。如果选择区域具有不为0的羽化值，则此类选择区域中被保存为由灰色柔和过渡的通道。

新建Alpha通道：单击"通道"面板中的创建新通道按钮 ，在通道面板中会新建一个空白的Alpha通道，如图10-29所示；也可以单击"通道"面板中的菜单按钮，在子菜单中选择"新建通道"，如图10-30所示，打开"新建通道"对话框如图10-31所示，可以在对话框中设置Alpha通道的名称及其他选项。

图10-29

图10-30

图10-31

小提示："新建通道"对话框的各选项作用

名称：用于输入新建的Alpha通道名称。

色彩指示：用户可以选择"被蒙版区域"单选按钮或"所选区域"单选按钮。选择被蒙版区域选项时，新建通道中的黑色区域为蒙版区域，白色区域为所选区域。选择所选区域选项时，新建通道中的黑色区域为所选区域，白色区域为蒙版区域。

颜色：在该选项区域中，可以设置通道蒙版所显示的颜色和不透明度。在此设置的颜色和不透明度对图像本身没有影响，它只用于区别通道中的蒙版区域和非蒙版区域。如图10-32所示设置颜色，新建通道后，将选区填充为白色，取消选择，在蒙版区域的色彩如图10-33所示。

图10-32　　　　　　　　　　　　　　　　图10-33

复制通道：在进行图像处理过程中，有时需要对某一通道进行多个处理，从而获得特殊的视觉效果，或者需要复制图像文件中的某个通道并应用到其他图像文件中，这时就需要通过通道的复制操作完成。在Photoshop中，不仅可以对同一图像文件中的通道进行多次复制，也可以在不同的图像文件之间复制任意的通道。

选择"通道"面板中所需复制的通道，将通道拖至创建新通道按钮上，复制通道；或在通道名称上单击右键，在弹出的菜单中选择"复制通道"命令，可以打开"复制通道"对话框如图10-34所示，设置各项参数并复制通道。

图10-34

删除通道：在存储图像前删除不需要的Alpha通道，不仅可以减小图像文件占用的磁盘空间，而且还可以提高图像文件的处理速度。选择"通道"面板中需要删除的通道，然后在面板控制菜单中选择"删除通道"命令，或拖动其至面板底部的删除当前通道按钮上释放。

在Alpha通道中调整选区：在图层中创建好选区后，转换到Alpha通道进行填充时，往往选区的边缘不会令人特别满意，可以利用"调整"命令或"滤镜"命令等调整Alpha通道的边缘。例如羽化的选区如图10-35所示，若需要去掉羽化的效果，可以按快捷键Ctrl+L打开"色阶"对话框，如图10-36所示设置参数，调整后的边缘效果，如图10-37所示。

图10-35　　　　　　　　图10-36　　　　　　　　图10-37

在通道中编辑图像，Photoshop是把它当做灰度图像来处理的，这意味着使用处理灰度图像时所使用的所有工具都可以处理Alpha通道。

10.2.3 | 专色通道

创建专色通道，可以从"通道"面板菜单中选择"新建专色通道"命令，如图10-38所示，可以打开"新建专色通道"对话框如图10-39所示，在对话框中可以设置名称、颜色和密度。

很多油墨不像原色印刷那样是透明的，例如金属油墨会完全遮盖下方颜色内容，密度是控制这些油墨在屏幕上的透明度，如图10-40所示文字密度分别为100%和10%。

图10-38　　　　　　　　　　　图10-39　　　　　　　　　　　图10-40

综合练习　　**通道抠婚纱**

素材：第10节/通道抠婚纱　　　　　　　　　　重点指数：★★★★★

① 打开素材图像如图10-41所示，切换至"通道"面板，复制"红"通道，得到"红副本"通道，如图10-42所示。

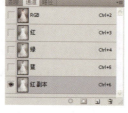

图10-41　　　　　　　　图10-42　　　　　　　　　　　　　　　　　　效果图

② 按快捷键Ctrl+L打开"色阶"对话框，如图10-43所示设置参数，单击"确定"按钮，得到图像效果如图10-44所示；选择工具箱中的魔棒工具，在其工具选项栏中设置合适的容差，在图像中人物头发区域单击，选中头发并将其填充为白色，如图10-45所示。

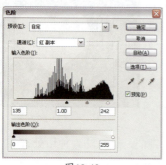

图10-43　　　　　　　　　　　图10-44　　　　　　　　　图10-45

③ 继续使用快速选择工具 🖉 在图像中背景区域绘制选区，如图10-46所示；将背景区域填充为黑色，并取消选择得到的图像效果如图10-47所示；将前景色设置为白色，选择工具箱中的画笔工具 🖉，在图像中人物区域涂抹，如图10-48所示。

| 图10-46 | 图10-47 | 图10-48 |

④ 按快捷键Ctrl+L打开"色阶"对话框，如图10-49所示设置参数，单击"确定"按钮，按住Ctrl键将图像载入选区，选择RGB复合通道，得到的图像效果如图10-50所示；切换回"图层"面板，按快捷键Ctrl+J复制选区内图像到新图层，得到"图层1"，隐藏"背景"图层，得到的图像效果如图10-51所示。

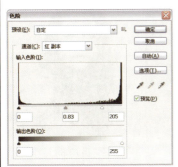

| 图10-49 | 图10-50 | 图10-51 |

⑤ 打开另外一张素材图像，如图10-52所示；将抠出的婚纱图像拖曳至新打开的文档中如图10-53所示，添加"曲线"调整图层设置参数，按快捷键Ctrl+Alt+G创建剪贴蒙版，如图10-54所示。

| 图10-52 | 图10-53 | 图10-54 |

综合练习 **通道抠卷发**

素材：第10节/通道抠卷发 重点指数：★ ★ ★ ★

① 打开素材图像如图10-55所示，切换至"通道"面板，复制"蓝"通道，得到"蓝副本"通道，如图10-56所示；按快捷键Ctrl+L打开"色阶"对话框，如图10-57所示设置参数，单击"确定"按钮，得到图像效果如图10-58所示。

图10-55 效果图

图10-56

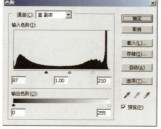
图10-57

图10-58

② 将前景色设置为黑色，使用画笔工具在人物区域涂抹，如图10-59所示；按住Ctrl键在"蓝副本"通道缩览图上单击，如图10-60所示调出其选区；选择RGB复合通道，切换回"图层"面板，按快捷键Ctrl+Shift+I将选区反向，按快捷键Ctrl+J复制选区内图像到"图层1"，取消选择，隐藏"背景"图层，如图10-61所示。

图10-59

图10-60

图10-61

③ 打开背景图像，如图10-62所示；将抠取的人物图像拖曳至背景图像中，如图10-63所示；为人物图层添加图层蒙版，将前景色设置为黑色，选择工具箱中的画笔工具，设置合适的柔角笔刷，在人物头发边缘涂抹，如图10-64所示。

图10-62

图10-63

图10-64

综合练习　通道抠冰

素材：第10节/通道抠冰　　　　　　　　重点指数：★★★★

① 打开素材图像如图10-65所示，切换至"通道"面板，按住Ctrl键单击"蓝通道"缩览图调出其选区，如图10-66所示。

图10-65

图10-66

效果图

② 选择复合通道，切换回"图层"面板，按快捷键Ctrl+J复制选区内图像到新图层，隐藏"背景"图层，图像效果如图10-67所示；打开啤酒图像如图10-68所示，将冰块图像拖曳至该文档如图10-69所示；旋转图像，并将其图层混合模式设置为"滤色"，如图10-70所示。

| 图10-67 | 图10-68 | 图10-69 | 图10-70 |

③ 为冰块图层添加图层蒙版，将前景色设置为黑色，使用画笔工具隐藏不需要的区域，如图10-71所示；复制冰块图层，并将其图层混合模式设置为"柔光"，如图10-72所示；将文字素材图像拖曳至该文档，如图10-73所示。

| 图10-71 | 图10-72 | 图10-73 |

Lesson 11
滤镜

学习任务

了解滤镜的特点和使用方法
掌握智能滤镜
学会使用液化修饰图像
学会使用抽出抠图

11.1 | 滤镜概述

Photoshop中的滤镜是一种插件模块，使用滤镜可以改变图像像素的位置或颜色，从而产生各种特殊的图像效果。Photoshop提供了多达百种的滤镜，这些滤镜经过分组归类后存放在"滤镜"菜单中。同时，Photoshop还支持第三方开发商提供的增效工具，安装后这些增效工具滤镜出现在"滤镜"菜单的底部，使用方法同内置滤镜相同。

通过滤镜命令不仅可以对普通的图像进行特殊效果的处理，还能够模拟各种绘画效果，如素描、油画、水彩等。

11.2 | 滤镜的特点和使用方法

Photoshop中滤镜大致分为3种类型。第一类是修改滤镜，这种滤镜可以修改图像文件中的像素，如应用纹理、描边等。这类滤镜的数量众多，用户需要多使用以积累经验；第二类是复合滤镜，这类滤镜拥有自己的工具和操作方法，如液化和消失点滤镜；第三类是创造性滤镜，该滤镜只有一个云彩滤镜，它是唯一不需要借助任何像素便可以产生效果的滤镜。

"滤镜"菜单中的滤镜种类繁多，但大多数滤镜的操作方法相同。选择需要执行命令的图层，在"滤镜"菜单中选择相应的滤镜命令即可，然后在打开的命令对话框中设置需要的参数。

随堂练习　　用滤镜调整图像

素材：第11节/用滤镜调整图像　　　　　　　　　重点指数：★★

图11-1

打开一张素材图像，如图11-1所示，复制一层；执行"滤镜 > 素描 > 水彩画纸"命令，如图11-2所示设置参数，设置完毕后单击"确定"按钮，得到的图像效果如图11-3所示。

执行"滤镜 > 艺术效果 > 水彩"命令，如图11-4所示设置参数，设置完毕后单击"确定"按钮，得到的图像效果如图11-5所示。

图11-2　　　　　　图11-3　　　　　　图11-4　　　　　　图11-5

11.3 | 智能滤镜

在Photoshop中智能滤镜是使用滤镜对图像进行编辑更为有利的工具。在"图层"面板中，智能滤镜在智能对象图层的下方显示，并可以调整、删除或隐藏智能滤镜，而不对智能对象产生破坏。

1.创建智能对象

要创建智能对象可以通过以下几种方法：执行"文件＞打开为智能对象"命令，可以直接将图像作为智能对象打开；或执行"文件＞置入"命令；或执行"滤镜＞转换为智能对象"命令。转换为智能对象的图层效果如图11-6所示。

图11-6

2.应用智能对象

应用于智能对象的任何滤镜都是智能滤镜。智能滤镜将出现在"图层"面板中应用这些智能对象图层的下方。选择需要应用滤镜的智能对象，设置滤镜选项即可。

如图11-7所示为原图，复制"背景"图层，得到"背景副本"图层，执行"滤镜＞转换为智能对象"命令，将"背景副本"图层转换为智能对象，如图11-8所示；执行"滤镜＞扭曲＞扩散亮光"命令，如图所示11-9所示设置参数，单击"确定"按钮，得到的图像11-10所示。

图11-7

图11-8　　　　图11-9　　　　　　图11-10

双击"滤镜库"可以打开"扩散亮光"对话框，重新设置参数；双击"滤镜库"右边的编辑混合选项图标，可以打开"混合选项"对话框，如图11-11所示，在对话框中可以设置滤镜库的混合模式和不透明度。

图11-11

小提示：

复制智能滤镜：在"图层"面板中，按住Alt键从一个智能对象拖到另一个智能对象上，即可复制智能滤镜。

删除智能滤镜：可以直接拖到"图层"面板中的删除图标 上；或执行"图层＞智能滤镜＞清除智能滤镜"命令。

11.4　滤镜库

"滤镜库"是整合了多个常用滤镜组的设置对话框。利用"滤镜库"可以累积应用多个滤镜或多次应用单个滤镜，还可以重新排列滤镜或更改已应用的滤镜设置。

执行"滤镜＞滤镜库"命令，打开"滤镜库"对话框如图11-12所示。在"滤镜库"对话框中，提供了风格化、画笔描边、扭曲、素描、纹理和艺术效果6组滤镜。

所选滤镜缩览图
预览区
滤镜列表
参数选项
新建效果图层按钮

图11-12

预览区：用来预览滤镜效果。

参数选项：单击滤镜库中的一个滤镜，在右侧的参数选项设置区会显示该滤镜的参数选项。

滤镜列表：单击下拉按钮，可以在弹出的下拉列表中选择一个滤镜。

新建效果图层按钮：单击该按钮即可在滤镜效果列表中添加一个滤镜效果图层。选择需要添加的滤镜效果并设置参数，就可以增加一个滤镜效果。

11.5　液化

"液化"滤镜是修饰图像和创建艺术效果的强大工具，它能够非常灵活地创建推拉、扭曲、旋转、缩放等变形效果，可以用来修改图像的任意区域。

执行"滤镜＞液化"命令，可以打开"液化"对话框，如图11-13所示，对话框中包含了该滤镜的工具、参数控制选项和图像预览与操作窗口。

"液化"对话框中的工具，从上至下依次讲解如下。

向前变形工具　：在拖动鼠标时可向前推动像素。

重建工具　：用来恢复图像。在变形的区域单击鼠标或拖动鼠标进行涂抹，可以使变形区域的图像恢复为原来的效果。

工具　操作窗口及预览区域　参数选项

图11-13

修正脸型

素材：第11节/修正脸型　　　　　　　　　　　　重点指数：★★

　　打开一张素材图像，如图11-14所示，执行"滤镜>液化"命令，选择工具箱中的向前变形工具 🌀，设置参数大小，如图11-15所示在图像中涂抹，绘制完毕后单击"确定"按钮，得到图像效果如图11-16所示。

　　　　图11-14　　　　　　　　　　　　图11-15　　　　　　　　　　　　图11-16

　　顺时针旋转扭曲工具 ⟳：在图像中单击鼠标时可顺时针旋转像素；按住Alt键单击并拖动鼠标则可以逆时针旋转扭曲像素。

　　褶皱工具 ⚬：在图像中单击鼠标或拖动时可以使像素向画笔区域的中心移动，使图像产生向内收缩的效果。

　　膨胀工具 ⚬：在图像中单击鼠标或拖动时可以使像素向画笔区域中心以外的方向移动，使图像产生向外膨胀的效果。

增大眼睛

素材：第11节/增大眼睛　　　　　　　　　　　　重点指数：★★

　　打开一张素材图像，如图11-17所示，执行"滤镜>液化"命令，选择工具箱中的膨胀工具 ⚬，设置参数大小如图11-18所示，在图像中人物眼睛区域单击，操作完毕后单击"确定"按钮，得到图像效果如图11-19所示。

　　　　图11-17　　　　　　　　　　图11-18　　　　　　　　　图11-19

　　左推工具 ⚬：在图像上垂直向上推动时，像素向左移动；向下推动，则像素向右移动。按住Alt键在图像上垂直向上推动时，像素向右移动。按住Alt键向下推动时，像素向左移动。如果围绕对象顺时针推动，可增加其大小，逆时针拖移时则减小其大小。

　　镜像工具 ⚬：在图像上拖动时可以将像素拷贝到画笔区域，创建镜像效果。

　　湍流工具 ⚬：在图像上按住鼠标可以平滑地混杂像素，创建类似火焰、云彩、波浪的效果。

冻结蒙版工具 /解冻蒙版工具 ：使用冻结蒙版工具在图像中涂抹，可创建冻结区域；使用解冻蒙版工具在图像中涂抹冻结区域，可解除冻结区域。

抓手工具 ：放大图像的显示比例后，可使用该工具移动画面从而观察图像的不同区域。

缩放工具 ：在预览区中单击可放大图像的显示比例。按住Alt键单击则缩小图像的显示比例。

11.6 抽出

"抽出"滤镜的意义在于处理有柔和或模糊边界的图像，使用"抽出"命令可以将图像从背景中剪切出来，自动清除背景，转换成透明像素。对图像执行"抽出"命令，需要确定三类信息，分别是需要删除的信息、需要保留的区域和包含前两个区域之间的过渡区。

1.抽出对话框

执行"文件>打开"命令（Ctrl+O），弹出"打开"对话框，打开素材图像，执行"滤镜>抽出"命令，打开"抽出"对话框，如图11-20所示。

工具选项

抽出

预览

图11-20

2.工具选项

画笔大小：在列表框中输入数值和通过拖曳滑块来设置指定工具的画笔大小。

高光：使用边缘高光器工具时，可以在高光的下拉列表中任选一种颜色用于表示突出显示的颜色。在默认状态下是绿色。

填充：用于油漆桶填充工具填充颜色，默认为蓝色。

智能高光显示：选择该项，则在使用边缘高光器工具绘制图像边缘时，Photoshop自动选择合适的画笔大小。

3.抽出选项命令参数

平滑：通过拖曳滑块或直接输入数值，设置提取边缘的平滑程度。

通道：如果文件之间设有A1pha通道，可以在这里选取作为提取的边缘。

强制前景：选择此项，可以用吸管工具在提取边缘上吸取一个颜色作为前景色，则在提取边缘的图像时，该颜色将被强制保留下来。

4.抽出命令前的效果预览

绘制完需要抽出的区域后，可以单击"预览"按钮，预览抽出的图像效果。

显示模式：用来设置图像的预览模式，可以选择"抽出的"、"原稿"两种模式。

显示预览：选择下拉列表中的"无"、"黑色杂边"、"灰色杂边"、"白色杂边"来填充图像背景。如果选择"其他"项填充，将会弹出"拾色器"对话框，可在其中选择任意颜色进行填充。如果要以蒙版的方式预览图像，可以选择"蒙版"选项。

显示高光：选择此项将在图像去背景后仍然显示高光边缘。

显示填充：选中此项将在图像去背景后仍然显示填充遮罩。

<table>
<tr><td>**随堂练习**</td><td>滤镜抽出头发</td></tr>
</table>

素材：第11节/滤镜抽出头发　　　　　　　　　　重点指数：★★★

① 打开一张素材图像如图11-21所示，复制"背景"图层，执行"滤镜>抽出"命令，打开的"抽出"对话框，选择工具箱中的边缘高光器工具，在图像中绘制如图11-22所示；选择工具箱中的填充工具填充轮廓，如图11-23所示。

图11-21　　　　　　　　　效果图

图11-22

图11-23

② 单击"确定"按钮，隐藏"背景"图层，得到的图像效果如图11-24所示；按住Ctrl键单击"背景副本"缩览图调出其选区，显示"背景"图层，如图11-25所示设置前景色色值；填充前景色取消选择，并将"背景副本"图层的混合模式设置为"柔光"，图像效果如图11-26所示。

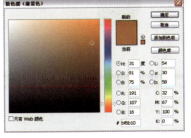

图11-24　　　　　　　图11-25　　　　　　　图11-26

③ 选择工具箱中的橡皮擦工具，选择柔角笔刷，涂抹掉图像中的多余色彩；或者为"背景副本"图层添加图层蒙版，将前景色设置为黑色，涂抹掉多余色彩，完成图像效果。

综合练习 制作彩色半调效果

素材：第11节/制作彩色半调效果　　　　　　重点指数：★★★★

① 打开素材图像如图11-27所示，选择工具箱中的魔棒工具按住Shift键在图像中创建选区，按快捷键Ctrl+I将选区反相，图像效果如图11-28所示。

图11-27　　　　　　　图11-28　　　　　　效果图

② 打开素材图像，如图11-29所示；将上一张素材图像拖动至新打开的文档中，得到"图层1"，图像效果如图11-30所示；按住Ctrl单击"图层1"缩览图，调出其选区，切换至"通道"面板，单击存储通道按钮 ，新建"Alpha1"通道，按快捷键Ctrl+D取消选择，如图11-31所示。

图11-29　　　　　　　　　图11-30　　　　　　　　　图11-31

③ 执行"滤镜＞其它＞最大值"命令，打开"最大值"对话框，如图11-32所示设置参数，单击"确定"按钮，得到的图像效果如图11-33所示；执行"滤镜＞模糊＞高斯模糊"命令，打开"高斯模糊"对话框，如图11-34所示设置参数，得到的图像效果如图11-35所示。

图11-32　　　　　　图11-33　　　　　　　图11-34　　　　　　图11-35

④ 按快捷键Ctrl+I将图像反相，如图11-36所示；执行"滤镜＞像素化＞彩色半调"命令，打开"彩色半调"对话框，如图11-37所示设置参数，单击"确定"按钮，得到的图像效果如图11-38所示。

⑤ 按快捷键Ctrl+I再次反相图像；按住Ctrl键单击"Alpha1"通道缩览图调出器选区，如图11-39所示；切换回"图层"面板，选择"背景"图层，新建"图层2"，将选区填充为白色，取消选择，得到的图像效果如图11-40所示。

图11-36　　　　　　　图11-37　　　　　　　图11-38

图11-39　　　　　　　　　　图11-40

综合练习　制作水波纹特效

素材：第11节/制作水波纹特效　　　　　　　重点指数：★★★

① 按快捷键Ctrl+N打开"新建"对话框，如图11-41所示设置参数，设置完毕后单击"确定"按钮。

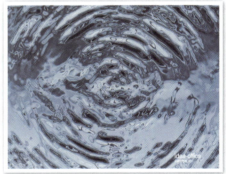

图11-41　　　　　　　　　效果图

② 将前景色和背景色设置为默认的黑色和白色，执行"滤镜＞渲染＞云彩"命令，得到的图像效果如图11-42所示；执行"滤镜＞模糊＞径向模糊"命令，如图11-43所示设置参数，单击"确定"按钮，得到的图像效果如图11-44所示。

图11-42　　　　　　　　图11-43　　　　　　　　图11-44

③ 执行"滤镜＞模糊＞高斯模糊"命令，设置模糊半径为2像素，单击"确定"按钮，得到的图像效果如图11-45所示；执行"滤镜＞素描＞基地凸现"命令，如图11-46所示设置参数，单击"确定"按钮，得到的图像效果如图11-47所示。

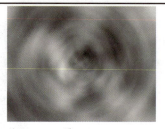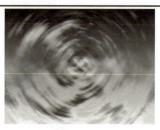

图11-45   图11-46   图11-47

④ 执行"滤镜 > 素描 > 铬黄"命令，如图11-48所示设置参数，单击"确定"按钮，得到的图像效果如图11-49所示；单击"图层"面板上的创建新的填充或调整图层按钮，在弹出的下拉菜单中选择"色相/饱和度"选项，勾选着色，如图11-50所示设置参数，图像效果如图11-51所示。

图11-48   图11-49   图11-50   图11-51

⑤ 添加"色彩平衡"调整图层，如图11-52所示设置参数，图像效果如图11-53所示；添加文字最终图像效果如图11-54所示。

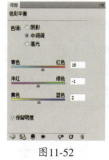

图11-52   图11-53   图11-54

综合练习　制作合成效果

素材：第9节/制作合成效果　　　　　　　　重点指数：★★★★

① 按快捷键Ctrl+N打开"新建"对话框，如图11-55所示设置参数，单击"确定"按钮，将画布填充为黑色。

图11-55

② 图11-56所示设置前景色，选择工具箱中的椭圆选框工具，在其工具选项栏中设置羽化为200像素，在图像中如图11-57所示绘制椭圆选区；填充前景色并取消选择如图11-58所示。

效果图

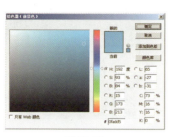

图11-56   图11-57   图11-58

③ 新建"图层1"，将该图层填充为黑色，执行"滤镜＞渲染＞分层云彩"命令，图像效果如图11-59所示；将"图层1"的图层混合模式设置为"叠加"，图像效果如图11-60所示。

图11-59   图11-60

④ 打开素材图像如图11-61所示，将其拖曳至主文档中生成"图层2"，调整图像大小与位置如图11-62所示；将其图层混合模式设置为"滤色"，如图11-63所示。

图11-61   图11-62   图11-63

⑤ 单击"图层"面板上的添加图层蒙版按钮 ，为"图层2"添加图层蒙版，将前景色设置为黑色，选择工具箱中的画笔工具，设置合适的柔角笔刷，图11-64所示在图像中涂抹柔和图像边缘；打开另外一张素材图像，如图11-65所示。

⑥ 将打开的图像拖曳至主文档中，将其图层混合模式设置为"明度"，如图11-66所示；将其图层不透明度设置为30%，为其添加图层蒙版，用同样的方法隐藏不需要的图像如图11-67所示。

图11-64

图11-65

图11-66

图11-67

⑦ 打开素材图像如图11-68所示，将其拖曳至主文档中，为其添加图层蒙版隐藏不需要的区域，如图11-69所示。

图11-68

图11-69

⑧ 添加"曲线"调整图层，如图11-70所示设置参数，设置完毕后单击"确定"按钮，按快捷键 Ctrl+Alt+G为"图层4"创建剪贴蒙版，图像效果如图11-71所示。

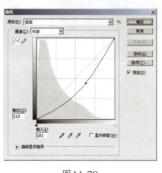

图11-70

图11-71

⑨ 打开人物图像如图11-72所示，使用钢笔工具在人物边缘绘制路径，按快捷键Ctrl+Enter将路径转换为选区，将选区中的图像拖曳至主文档中如图11-73所示。

图11-72

图11-73

⑩ 选择工具箱中的椭圆选框工具，在其工具选项栏中设置羽化为30像素，如图11-74所示绘制选区，在"图层5"的下方新建一个图层，将选区填充为白色，取消选择如图11-75所示；将"图层6"的图层不透明度设置为50%，如图11-76所示。

图11-74

图11-75

图11-76

⑪ 选择并复制"图层5"，得到"图层5副本"图层，翻转图像如图11-77所示；为其添加图层蒙版，选择工具箱中的渐变工具，在其工具选项栏中选择线性渐变按钮，将前景色设置为黑色，选择由黑色到透明的渐变由下至上在蒙版中填充渐变，如图11-78所示。

图11-77

图11-78

⑫ 选择工具箱中的文字工具在图像中输入文字，如图11-79所示；打开素材图像如图11-80所示，将其拖曳至主文档中如图11-81所示。

图11-79

图11-80

图11-81

⑬ 将图像置于文字上方，按快捷键Ctrl+Alt+G创建剪贴蒙版，如图11-82所示；按快捷键Ctrl+U调整剪贴蒙版文字的颜色，如图11-83所示设置参数，调整图像效果如图11-84所示。

图11-82

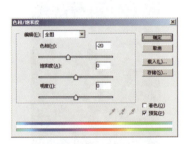

图11-83

图11-84

⑭ 用同样的方法添加其他素材图像如图11-85所示；调整背景图像的大小如图11-86所示；选择"图层"面板顶端的图层，添加"色彩平衡"调整图层，如图11-87所示设置参数，得到的图像效果如图11-88所示。

图11-85

图11-86

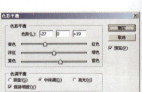

图11-87

图11-88

Lesson 12
动画

学习任务

学会制作简单动画效果
结合前面所学知识制作案例效果

12.1 帧模式动画面板

执行"窗口>动画"命令，可以打开"动画"面板，如图12-1所示。在Photoshop中，"动画"调板以帧模式出现，并显示动画中的每个帧的缩览图，使用调板底部的工具可浏览各个帧，设置循环选项，添加和删除帧以及预览动画。

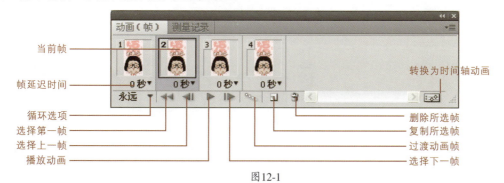

当前帧
帧延迟时间
转换为时间轴动画
循环选项
选择第一帧
删除所选帧
选择上一帧
复制所选帧
播放动画
过渡动画帧
选择下一帧

图12-1

当前帧：当前选择的帧。

帧延迟时间：设置帧在回放过程中的持续时间。

循环选项：设置动画在作为动画GIF文件导出时的播放次数。

选择第一帧：单击该按钮，可自动选择序列中的第一个帧作为当前帧。

选择上一帧：单击该按钮，可选择当前帧的前一帧。

播放动画：单击该按钮，可在窗口中播放动画，再次单击可停止播放。

选择下一帧：单击该按钮，可选择当前帧的下一帧。

过渡动画帧：单击该按钮，可以打开"过渡"对话框，在对话框中可以在两个现有的帧之间添加一系列帧，并让新帧之间的图层属性均匀变化。

复制所选帧：单击该按钮，可向调板中添加帧。

删除所选帧：可删除选择的帧。

随堂练习　制作眨眼表情

素材：第12节/制作眨眼表情　　　　　　　　重点指数：★★

① 打开一张素材图像，如图12-2所示，按快捷键Ctrl+J复制"背景"图层，得到"图层1"；选择工具箱中的仿制图章工具，在图像中眼皮上取样，覆盖眼睛如同12-3所示；用同样的方法调整另外一只眼睛，如图12-4所示。

图12-2　　　　　　　　　　　图12-3　　　　　　　　　　　图12-4

② 打开"动画"面板，如图12-5所示；单击"动画"面板上的复制所选帧按钮 ，复制一个动画帧，选择第一个帧，如图12-6所示，隐藏"图层1"；选择第二个帧，隐藏"背景"图层，显示"图层1"。

图12-5　　　　　　　　　　　　　　　　　图12-6

③ 按住Shift键同时选中两个帧，设置帧延迟时间为0.2秒，如图12-7所示；单击播放按钮 ，可观察播放动画效果。

④ 执行"文件 > 存储为Web和设备所用格式"命令，单击"确定"按钮，可以保存动画。

图12-7

12.2　时间轴模式动画面板

单击"动画"调板中的转换为时间轴动画按钮 ，可以将调板切换为时间轴模式状态，如图12-8所示。时间轴模式显示文档图层的帧持续时间和动画属性。使用面板底部的工具可浏览各个帧，放大或缩小时间显示，删除关键帧和预览视频。可以使用时间轴上自身的控件调整图层的帧持续时间，设置图层属性的关键帧并将视频的某一部分指定为工作区域。

图12-8

综合练习　制作QQ表情动画

素材：第12节/制作QQ表情动画　　　　　　重点指数：★★★

① 打开素材图像如图12-9所示，按快捷键Ctrl+J复制"背景"图层，执行"图像 > 画布大小"命令，如图12-10所示设置参数。

图12-9　　　　　　　　　图12-10

② 单击"确定"按钮更改画布大小；选择"背景"图层，新建"图层2"，选择工具箱中的渐变工具 ，如图12-11所示设置渐变颜色；在图像中绘制渐变如图12-12所示；隐藏"图层2"，新建"图层3"，用同样的方法绘制渐变如图12-13所示。

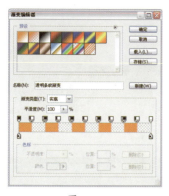

图12-11　　　　　　　　　图12-12　　　　　　　　　图12-13

③ 选择"图层1"，使用工具箱中的魔棒工具在图像中按住Shift键在图像中黄色文字区域单击，得到的选区效果如图12-14所示；在"图层1"上方新建"图层4"，并填充一个颜色得到的图像效果如图12-15所示；保持选区不变，填充其他颜色取消选择，图像效果如图12-16所示。

图12-14　　　　　　　　　图12-15　　　　　　　　　图12-16

④ 打开"动画"面板，将帧延迟设置为0.2秒，显示"背景"图层、"图层1"和"图层2"，隐藏其他图层，如图12-17所示；复制一个动画帧，其他图层不变，隐藏"图层2"显示"图层3"和"图层4"，如图12-18所示；复制一个动画帧，其他图层不变，隐藏"图层3"和"图层4"，显示"图层2"和"图层5"，如图12-19所示。

图12-17　　　　　　　　　图12-18　　　　　图12-19

⑤ 用同样的方法可以继续制作几个帧，单击播放按钮 ▶，可观察播放动画效果，执行"文件 > 存储为Web和设备所用格式"命令，单击"确定"按钮，可以保存动画。

综合练习 爆炸效果

素材：第12节/爆炸效果　　　　　　　　　重点指数：★★★★

① 打开素材图像如图12-20所示；选择工具箱中的钢笔工具在人物周围绘制路径，按快捷键Ctrl+Enter将转换路径为选区，如图12-21所示；按快捷键Ctrl+J复制选区内图像到新图层，得到"图层1"，"图层"面板如图12-22所示。

效果图

图12-20　　　　　　　　　　图12-21　　　　　　　　　　图12-22

② 切换至"通道"面板，复制"蓝"通道得到"蓝副本"通道，如图12-23所示；按快捷键Ctrl+L打开"色阶"对话框，如图12-24所示设置参数；得到图像效果如图12-25所示。

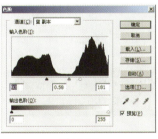

图12-23　　　　　　　　　　图12-24　　　　　　　　　　图12-25

③ 选择工具箱中的画笔工具，将前景色设置为黑色，在图像中涂抹掉人物及灰色区域，如图12-26所示；按住Ctrl键单击图层蒙版，如图12-27所示调出选区；选择RGB复合通道，选区效果如图12-28所示。

图12-26　　　　　　　　　　图12-27　　　　　　　　　　图12-28

④ 选中"背景"图层，按快捷键Ctrl+J复制选区内图像到新图层，得到"图层2"，如图12-29所示；打开素材图像如图12-30所示；将其拖曳至主文档中，得到"图层3"，隐藏"背景"图层，如图12-31所示调整图像大小与位置。

图12-29   图12-30   图12-31

⑤ 为"图层3"添加图层蒙版，将前景色设置为黑色，设置合适的柔角笔刷在蒙版中涂抹如图12-32所示；选择"图层3"缩览图，按快捷键Ctrl+U弹出"色相/饱和度"对话框，如图12-33所示设置参数；得到的图像效果如图12-34所示。

图12-32   图12-33   图12-34

⑥ 打开素材图像如图12-35所示；将其拖曳至主文档中得到"图层4"，如图12-36所示调整图像大小与位置；为"图层4"添加图层蒙版，使用画笔工具如图12-37所示涂抹图像。

图12-35   图12-36   图12-37

⑦ 选择"图层4"的缩览图，如图12-38所示；按快捷键Ctrl+U打开"色相/饱和度"对话框，如图12-39所示设置参数；得到的图像效果如图12-40所示。

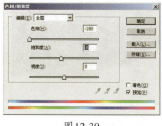

图12-38   图12-39   图12-40

⑧ 打开素材图像如图12-41所示；将其拖曳至主文档中得到"图层5"，如图12-42所示调整图像大小与位置；为"图层5"添加图层蒙版，使用画笔工具如图12-43所示涂抹图像。

图12-41

图12-42

图12-43

⑨ 选择"图层5"的缩览图，如图12-44所示；按快捷键Ctrl+U打开"色相/饱和度"对话框，如图12-45所示设置参数；得到的图像效果如图12-46所示。

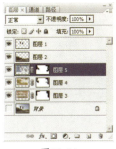
图12-44

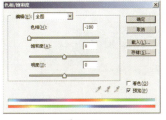
图12-45

图12-46

⑩ 选择"图层5"，将其图层混合模式设置为"叠加"，如图12-47所示；得到的图像效果如图12-48所示；将"图层4"的图层混合模式设置为"叠加"，图像效果如图12-49所示。

图12-47

图12-48

图12-49

⑪ 选择"图层3"，如图12-50所示；按快捷键Ctrl+L打开"色阶"对话框，如图12-51所示设置参数，得到的图像效果如图12-52所示。

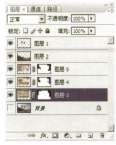
图12-50

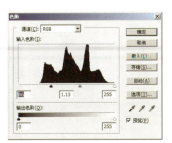
图12-51

图12-52

⑫ 选择"图层4",如图12-53所示;按快捷键Ctrl+L打开"色阶"对话框,如图12-54所示设置参数,得到的图像效果如图12-55所示。

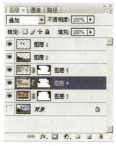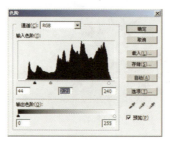

图12-53　　　　　　　　　　图12-54　　　　　　　　　　图12-55

⑬ 打开素材图像如图12-56所示;选择"背景"图层,将其拖曳至主文档中,得到"图层6",如图12-57所示调整图像大小与位置。

图12-56　　　　　　　　　　图12-57

⑭ 选择"图层2",如图12-58所示;按快捷键Ctrl+B打开"色彩平衡"对话框,如图12-59所示设置参数,得到的图像效果如图12-60所示。

图12-58　　　　　　　　　　图12-59　　　　　　　　　　图12-60

⑮ 选择"图层1",如图12-61所示;为"图层1"添加图层样式,如图12-62所示设置参数;得到的图像效果如图12-63所示。

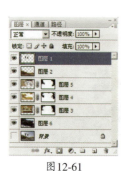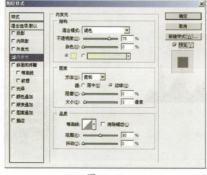

图12-61　　　　　　　　　　图12-62　　　　　　　　　　图12-63

⑯ 新建"图层7"，将前景色设置为白色，按快捷键F5打开"画笔"面板，如图12-64、图12-65和图12-66所示设置参数；得到的图像效果如图12-67所示。

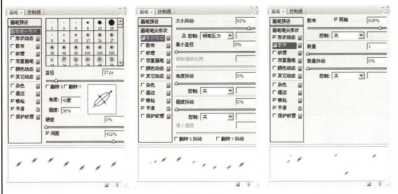

图12-64   图12-65   图12-66   图12-67

⑰ 执行"滤镜 > 模糊 > 动感模糊"命令，打开"动感模糊"对话框，如图12-68所示设置参数；得到的图像效果如图12-69所示；添加文字如图12-70所示。

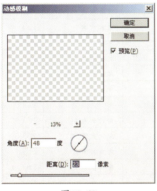

图12-68   图12-69   图12-70

⑱ 新建"图层8"，选择工具箱中的选框工具，如图12-71所示绘制选区；将前景色设置为黑色，按快捷键Alt+Delete填充前景色，按快捷键Ctrl+D取消选择，并添加小文字装饰效果，得到的图像效果如图12-72所示。

图12-71   图12-72

快捷键索引

Photoshop工具与快捷键索引

工具	快捷键	主要功能	使用频率	所在页码
移动工具	V	选择/移动对象	★★★★★	P11
矩形选框工具	M	绘制矩形选区	★★★★★	P10
椭圆选框工具	M	绘制圆形或椭圆形选区	★★★★★	P10
单行选框工具		绘制高度为1像素的选区	★☆☆☆☆	P10
单列选框工具		绘制宽度为1像素的选区	★☆☆☆☆	P10
套索工具	L	自由绘制出形状不规则的选区	★★★★☆	P18
多边形套索工具	L	绘制一些转角比较强烈的选区	★★★★☆	P18
磁性套索工具	L	快速选择与背景对比强烈且边缘复杂的对象	★★★★☆	P19
快速选择工具	W	利用可调整的圆形笔尖迅速地绘制选区	★★★★★	P20
魔棒工具	W	快速选取颜色一致的区域	★★★★★	P20
裁剪工具	C	裁剪多余的图像	★★★★★	P23
污点修复画笔工具	J	消除图像中的污点和某个对象	★★★★★	P36
修复画笔工具	J	校正图像的瑕疵	★★★★☆	P36
修补工具	J	利用样本或图案修复所选区域中不理想的部分	★★★★★	P37
红眼工具	J	去除由闪光灯导致的红色反光	★★★★☆	P38
画笔工具	B	使用前景色绘制出各种线条或修改通道和蒙版	★★★★★	P52
铅笔工具	B	绘制硬边线条	★★★★☆	P53
颜色替换工具	B	将选定的颜色替换为其他颜色	★★☆☆☆	P53
仿制图章工具	S	将图像的一部分绘制到另一个位置	★★★★★	P39
图案图章工具	S	使用图案进行绘画	★★★☆☆	P39
历史记录画笔工具	Y	可以真实地还原某一区域的某一步操作	★★★★★	P43
历史记录艺术画笔工具	Y	将标记的历史记录或快照用作源数据对图像进行修改	★☆☆☆☆	P44
橡皮擦工具	E	将像素更改为背景色或透明	★★★★★	P53
背景橡皮擦工具	E	在抹除背景的同时保留前景对象的边缘	★★★★☆	P53
魔术橡皮擦工具	E	将所有相似的像素更改为透明	★★★★☆	P53
渐变工具	G	在整个文档或选区内填充渐变色	★★★★★	P63
油漆桶工具	G	在图像中填充前景色或图案	★★★☆☆	P65
模糊工具	R	柔化硬边缘或减少图像中的细节	★★★☆☆	P39
锐化工具	R	增强图像中相邻像素之间的对比	★★★☆☆	P40
涂抹工具	R	模拟手划过湿油漆时所产生的效果	★★★☆☆	P40
减淡工具	O	对图像进行减淡处理	★★★★★	P40
加深工具	O	对图像进行加深处理	★★★★★	P41
海绵工具	O	精确地更改图像某个区域的色彩饱和度	★☆☆☆☆	P41
钢笔工具	P	绘制任意形状的直线或曲线路径	★★★★★	P95
自由钢笔工具	P	绘制比较随意的图形	★☆☆☆☆	P96
添加锚点工具		在路径上添加锚点	★★★★★	P96
删除锚点工具		在路径上删除锚点	★★★★★	P96
转换点工具		转换锚点的类型	★★★☆☆	P96
横排文字工具	T	输入横向排列的文字	★★★★★	P75
直排文字工具	T	输入竖向排列的文字	★★★★★	P77
横排文字蒙版工具	T	创建横向文字选区	★☆☆☆☆	P145
直排文字蒙版工具	T	创建竖向文字选区	★☆☆☆☆	P145
路径选择工具	A	选择、组合、对齐和分布路径	★★★★★	P96
直接选择工具	A	选择、移动路径上的锚点以及调整方向线	★★★★★	P96
抓手工具	H	在放大图像窗口中移动光标到特定区域内查看图像	★★★★★	P30
缩放工具	Z	放大或缩小图像的显示比例	★★★★★	P30
默认前景色/背景色	D	将前景色/背景色恢复到默认颜色	★★★★★	P50
前景色/背景色互换	X	互换前景色/背景色	★★★★★	P50
以快速蒙版模式编辑	Q	创建和编辑选区	★★★★☆	P146

Photoshop命令与快捷键索引

文件菜单

命令	快捷键
新建	Ctrl+N
打开	Ctrl+O
在Bridge中浏览	Alt+Ctrl+O
打开为	Alt+Shift+Ctrl+O
关闭	Ctrl+W
关闭全部	Alt+Ctrl+W
关闭并转到Bridge	Shift+Ctrl+W
存储	Ctrl+S
存储为	Shift+Ctrl+S
签入	
存储为Web和设备所用格式	Alt+Shift+Ctrl+S
恢复	F12
文件简介	Alt+Shift+Ctrl+I
打印	Ctrl+P
打印一份	Alt+Shift+Ctrl+P
退出	Ctrl+Q

编辑菜单

命令	快捷键
还原/.重做	Ctrl+Z
前进一步	Shift+Ctrl+Z
后退一步	Alt+Ctrl+Z
渐隐	Shift+Ctrl+F
剪切	Ctrl+X
拷贝	Ctrl+C
合并拷贝	Shift+Ctrl+C
粘贴	Ctrl+V
选择性粘贴>原位粘贴	Shift+Ctrl+V
选择性粘贴>贴入	Alt+Shift+Ctrl+V
填充	Shift+F6
内容识别比例	Alt+Shift+Ctrl+C
自由变换	Ctrl+T
变换>再次	Shift+Ctrl+T
颜色设置	Shift+Ctrl+K
颜色设置	Shift+Ctrl+K
键盘快捷键	Alt+Shift+Ctrl+K
菜单	Alt+Shift+Ctrl+M

图像菜单

命令	快捷键
调整>色阶	Ctrl+L
调整>曲线	Ctrl+M
调整>色相/饱和度	Ctrl+U
调整>色彩平衡	Ctrl+B
调整>黑白	Alt+Shift+Ctrl+B
调整>反相	Ctrl+I
调整>去色	Shift+Ctrl+U
自动色调	Shift+Ctrl+L
自动对比度	Alt+Shift+Ctrl+L
自动颜色	Shift+Ctrl+B
图像大小	Alt+Ctrl+I
画布大小	Alt+Ctrl+C

图层菜单

命令	快捷键
新建>图层	Shift+Ctrl+N
新建>通过拷贝的图层	Ctrl+J
新建>通过剪切的图层	Shift+Ctrl+J
图层编组	Ctrl+G
取消图层编组	Shift+Ctrl+G
排列>置为顶层	Shift+Ctrl+]
排列>前移一层	Ctrl+]
排列>后移一层	Ctrl+[
排列>置为底层	Shift+Ctrl+[
合并图层	Ctrl+E
合并可见图层	Shift+Ctrl+E

选择菜单

命令	快捷键
全部	Ctrl+A
取消选择	Ctrl+D
重新选择	Shift+Ctrl+D
反向	Shift+Ctrl+I
所有图层	Alt+Ctrl+A
调整边缘/蒙版	Alt+Ctrl+R
修改>羽化	Shift+F6

视图菜单

命令	快捷键
校样设置	
校样颜色	Ctrl+Y
色域警告	Shift+Ctrl+Y
放大	Ctrl++
缩小	Ctrl+-
按屏幕大小缩放	Ctrl+0
实际像素	Ctrl+1
显示额外内容	Ctrl+H
标尺	Ctrl+R
对齐	Shift+Ctrl+;
锁定参考线	Alt+Ctrl+;

窗口菜单

命令	快捷键
动作	Alt+F9
画笔	F5
图层	F7
信息	F8
颜色	F6